公共治理与政策分析丛书

科技社团理论研究现状和发展方向

孟凡蓉 赵军 著

科学出版社
北京

内 容 简 介

科技社团在学术交流、人才培养、科学普及、科技咨询、国际交流与合作方面发挥着重要作用,也是推动现代科技不断发展的重要力量,更是国家创新体系建设的重要内容。本书在回顾分析我国科技社团的发展历史和现状特点的基础上,通过文献计量学及相关学科的研究方法,对国内外已有的文献进行收集、整理、分析,对国内外科技社团研究的学科分布、期刊载文、研究力量的分布及演进历程进行比较分析,梳理总结国内外学者在科技社团研究主题上的异同和特点,结合我国科技社团当前发展面临的机遇与挑战,提出我国科技社团研究的理论体系构建和发展策略。

本书可供科研机构管理者、政府相关部门的研究者与决策者,以及作为我国科技社团服务对象的广大科技工作者在教学、研究和政策实践中参考使用。

图书在版编目(CIP)数据

科技社团理论研究现状和发展方向/孟凡蓉,赵军著. —北京:科学出版社,2020.4

(公共治理与政策分析丛书)

ISBN 978-7-03-059162-3

Ⅰ. ①科⋯ Ⅱ. ①孟⋯ ②赵⋯ Ⅲ. ①科学研究组织机构-社会团体-研究 Ⅳ. ①G311

中国版本图书馆 CIP 数据核字(2018)第 241752 号

责任编辑:徐 倩 / 责任校对:杨 赛
责任印制:张 伟 / 封面设计:无极书装

科 学 出 版 社 出版
北京东黄城根北街 16 号
邮政编码:100717
http://www.sciencep.com

北京盛通商印快线网络科技有限公司 印刷
科学出版社发行 各地新华书店经销

*

2020 年 4 月第 一 版　开本:720×1000 B5
2020 年 11 月第二次印刷　印张:6 1/2
字数:130 000

定价:72.00 元
(如有印装质量问题,我社负责调换)

作 者 简 介

孟凡蓉，女，管理学博士，副教授。就职于西安交通大学公共政策与管理学院行政管理系，担任西安交通大学绩效管理研究中心执行主任，中国科学学与科技政策研究会理事。曾任美国印第安纳大学布鲁明顿分校访问学者、澳大利亚国立大学访问学者。主要研究方向为科技人力资源、政府管理与创新、公共部门绩效管理及环境政策分析等。在相关研究领域主持和参与 10 余项国家自然科学基金、国家社会科学基金、教育部重大攻关项目、教育部人文社会科学研究一般项目、中国科学协会项目、陕西省社会科学基金及政府部门委托项目等。在国际 SSCI 收录期刊及国际会议上发表英文论文近 10 篇，在国内 CSSCI 期刊发表论文 20 余篇，出版专著 1 部。

赵军，男，管理学博士，中国科学院农业资源研究中心副研究员。长期从事科技管理和政策研究工作，研究领域主要包括科技与产业政策、科学传播与科技教育、高层次人才政策等，曾主持或参与多个研究课题，在 SCI 或核心期刊上公开发表 20 余篇学术论文，公开出版学术专著 2 部。

前　言

一、研究背景

科技社团是从事科技活动、促进科技发展、营造科技创新文化氛围的社会团体，也是推动现代科技不断发展的重要力量，更是国家创新体系建设的重要内容。科学技术协会（简称科协）是我国科技社团的主要管理部门，经过几十年的发展，总体已经形成了较为完整的体系，受到了党中央的高度重视。我国科技社团在快速发展的同时，也面临着许多困难，其中既有外部政策、法律、环境方面的外部体制性因素，也有科技社团内部组织管理能力不足引起的问题。实践的发展离不开理论的正确指导，科技社团要健康、可持续地发展，亟待开展更加前沿、广泛的理论研究，以形成研究发展的完整脉络。自20世纪80年代中期我国开始针对科技社团进行研究，学术界对科技社团的关注随着时代的发展渐趋升温，但在研究视角、研究方法、学术影响方面都存在不足。

在实践和理论两个角度，都有必要对科技社团进行梳理研究。从实践发展来看，我国科技社团在发展历程和政策引导方面与其他很多国家和地区存在差异，不能生硬地借鉴国外的发展经验与理论成果。从理论需求来看，我国科技社团的研究对象具有广泛性和特殊性，不同于国外的相关研究，同时具有明显的学科交叉和前沿学科的性质，研究内容宽泛复杂。国外多数国家和地区科技社团的研究对象主要是以非营利组织形式存在的各类科学共同体，而在我国还特指由各级科协主管的学会、协会和研究会。相关研究在大的学科基础上不仅涉及社会学、管理学、经济学相关的理论依据，在科技领域细分实际上还涉及科学哲学、科技社会学、技术经济学、科技政策、科技管理等多个分支学科。因此，有必要对科技社团研究展开分析，通过文献计量学及相关学科的研究方法，对国内外已有的文献进行收集、整理并加以分析，对科技社团在特定历史阶段和社会背景中的理论研究进行归纳，了解国内外科技社团主要理论的观点、发展过程、前沿热点，揭示其发展规律，在内部管理运行、队伍建设及外部科技服务、参与决策等方面提出建立中国特色科技社团理论体系的建议，为新时期科技社团事业发展的新要求提供理论依据。

本书主要采用科学计量学中的相关研究方法，分析科技社团研究的演进脉络、热点主题等，同时还采用文献研究、质性访谈等研究方法，补充研究内容，并保证研究与实践一致。文献资料的主要来源为已被广泛使用且认可度较高的国内外网络期刊数据库，其涵盖了目前国内外绝大多数学术期刊文献信息，检索得到的文献能够反映研究领域的整体面貌。

二、核心观点及启示

本书分为五章，第一章介绍科技社团研究的背景，回顾分析我国科技社团的发展历史和现状特点；第二章从科技社团研究的支撑体系入手，对国内外科技社团研究的学科分布、期刊载文及研究力量的分布进行分析比较；第三章从科技社团研究的国内外期刊载文数量上描述研究的演进历程及特点；第四章重点对当代科技社团研究的主要领域进行梳理总结，比较国内外学者在科技社团研究主题上的异同；第五章回到中国情景，结合当前科技社团发展面临的机遇与挑战，基于前文的研究发现，提出我国科技社团研究的理论体系构建和发展策略。

本书的主要研究发现包括如下四个方面。

首先，通过研究支撑体系的计量分析发现，科技社团研究在学科分布上，国内期刊科技社团研究相对于国际期刊科技社团研究学科数量及其交叉现象显得相对有限。在研究力量方面，我国国内科技社团的研究人员所在机构与国外有所不同，不同研究人员、机构与地区的合作程度显著低于国外。在科技社团研究的地区分布方面，美国与欧洲等发达国家或地区成为研究的主力地区，在作者、机构和地区的合作网络方面均以这二者为核心向四周辐射。

其次，基于发文数量的统计和演进脉络图谱的绘制，国内外科技社团研究在演进历程中具有截然不同的发展特点。国外研究更多是理论与实践交互发展的结果，两者互相影响、互相促进。国外研究的早期阶段、发展阶段、成熟阶段三个不同阶段之间具有很强的继承和发展关系，前一阶段的研究成果会被应用在后一阶段的研究中。而在每个阶段之中，一方面理论研究源于科技社团的现实实践，研究具有很强的现实背景；另一方面理论研究成果也以适当的方式被用于对现实实践进行指导，将知识落脚于社会生产实践。国内科技社团研究的演进具有鲜明的实践导向性，科技社团的现实实践对于研究发展具有重要的影响，在研究初期就对科技社团的多个方面有所涉及。而随着国家政策和发展战略的出台，科技社团的社会地位和功能定位也随之发生改变，学者也结合以往研究成果中的相关部分，开展新的研究内容，并逐渐发展成为新的研究方向。学者在早期阶段开始关注科技社团的内部组织形式和知识生产功能，中国科学技术协会（简称中国科协)、地方科协系统是科技社团研究的核心力量,同时也是学者研究的主要对象之一,其对于国内科技社团研究起着重要的推进作用。在研究内容上则融合国家宏观政策与发展方向,以实践为导向开展相关研究。

再次,通过高频关键词、高被引期刊及关键词共词网络谱图的绘制,对国内外科技社团研究主题进行挖掘。国外研究在内部组织形式研究方面注重科技社团的规范建设研究和内部协调方式研究,在外部功能价值研究方面关注知识生产价值和实践应用价值。国内科技社团研究包含三个主题:以科协系统为中心的科技社团实践研究,作为国家创新体系组成部分的科技社团作用研究,科技体制改革背景下科技社团承接政府职能研究。比较而言,国内研究围绕科协系统对科技社团国内实践展开论述,国外研究对科技社团的规范建设和协调方式进行讨论,从不同的方向对科技社团内部建设进行分析;国外研究中关注科技社团知识生产和外部实践应用价值,与国内研究中科技社团构成国家创新体系、承接政府职能转移类似,都是对科技社团不同现实社会背景下外部功能价值的探究。国内的研究相对而言更加具体并贴近现实实践,研究多数围绕科协展开,具有明确的实践对象,而在对科技社团功能的讨论中,充分体现出科技社团科学性、学术性和社会性的统一,明确从国家创新体系和政府职能转移两个角度对其知识生产和社会管理职能进行讨论,但是国内研究缺少对科技社团具体运作方式和知识扩散功能的讨论。

最后,本书从系统的角度分析我国科技社团的理论体系,提出理论框架和一些重要议题。宏观层面,研究我国科技社团与国家治理、创新体系、社会发展之间的关系,加强探索中国特色科技社团发展和参与模式对国家创新能力和社会发展的影响。中观层面,针对研究我国各类科技社团的特征差异和不同发展模式,总结比较不同类型科技社团的发展模式,探讨解释不同因素对科技社团发展模式产生影响的内在机理和内在关联。微观层面,关注对我国科技社团的组织定位、内部治理结构、外部功能发挥和自身能力建设等方面的研究,从科技社团组织个体的视野,积极探讨科技社团的组织形式和管理方式,实现科技社团自身持续、有序、高效、创新发展。

通过前文对国内外科技社团理论研究的分析,提出行动策略:①聚焦现实问题,突出中国特色;②发展基础理论,完善框架体系;③明确研究定位,细化研究内容;④夯实研究力量,鼓励研究合作;⑤搭建交流平台,扩大研究影响。

三、本书的一些说明

本书得到中国科协 2017 年研究项目"科技社团理论研究现状和发展方向"(2017KJST004)的资助,是中国科协学会服务中心的科技社团研究系列成果之一。本书的合著者赵军博士对科学文化和科研组织管理有着扎实的研究功底,笔者与赵军博士在交流过程中互相启发，产生了很多很好的想法，尤其觉得科技社团在国家科技创新体制中具有独特且重要的作用，把这样的内容正式出版不仅有助于科技界更多地关注科技社团的角色与作用，更能激发学界同行更多地投身于科技社团理论的研究中。此外，本书在写作过程中还得到中国科协学会服务中心诸多领导与工作人员的帮助，以及中国科学学与科技政策研究会同仁的建议，在此谨表示衷心的感谢。研究过程中，笔者的学生也给予了大力支持，一方面笔者身为导师指导他们的研究与学业，另一方面在资料收集、翻译、分析等具体工作中他们也付出了巨大的努力，其中陈子韬博士进行了大量的数据处理和分析，王焕、李思涵、袁梦等也参与其中，使得本书能够顺利完成，在此一并向他们表示感谢。

本书兼顾科技社团理论研究的国内外几方面情况，试图从多个角度探讨科技社团理论研究的前世今生及未来发展。研究内容丰富，信息量大，可以为我国的政策实践者和科学研究者提供理论指引和资料参考。由于时间、精力和资源的有限性，本书尚有一些内容未触及或未进行充分讨论，存在一些研究不足，在后续的研究中笔者将进一步拓展和完善。同时，期待广大读者和学术同行不吝赐教，批评指正。

不积跬步，无以至千里。让我们期待我国科技社团更美好的明天……

孟凡蓉

2018 年 6 月于西安交通大学

目　录

第一章　科技社团研究的背景··1
　第一节　科技社团研究的重要性··1
　第二节　理解中国科技社团：历史演进及特点分析···················3
　第三节　科技社团研究的研究对象及学科基础·······················16
　第四节　研究方法与数据来源···22
第二章　科技社团研究的支撑体系··26
　第一节　研究载体分析···26
　第二节　研究力量分析···30
　第三节　国内外研究支撑体系比较·····································39
第三章　科技社团研究的演进历程··41
　第一节　国内外期刊总体载文数量·····································41
　第二节　国外研究演进历程··43
　第三节　国内研究演进历程··49
　第四节　国内外研究演进比较···55
第四章　当代科技社团研究的主要领域····································58
　第一节　研究主题分析基础··58
　第二节　国外研究主题挖掘··64
　第三节　国内研究主题挖掘··72
　第四节　国内外研究主题比较···77
第五章　中国科技社团理论体系与发展策略·······························79
　第一节　中国科技社团跨越式发展面临的机遇与挑战···············79
　第二节　中国科技社团理论体系构建··································88
　第三节　当前中国科技社团理论研究发展策略·······················92

第一章 科技社团研究的背景

第一节 科技社团研究的重要性

科技社团是从事科技活动、促进科技发展、营造科技创新文化氛围的社会团体，主要由科技工作者、科技管理者及其他各类相关参与者组成，在学术交流、人才培养、科学普及、科技咨询、国际交流与合作等诸多方面都发挥着重要作用，也是推动现代科技不断发展的重要力量。科技社团的广泛参与并充分发挥作用是国家创新体系良好运转的必要条件，更是国家创新体系建设的重要内容。作为一个典型的跨界组织，科技社团把科技界、产业界、政府中每个有专业特征的个体行动者，通过与专业知识相关的共同追求、行为规范或供需关系，以开放、自愿的方式进行再组织。在我国，中国科协是科技社团的主要管理部门，截至2017年底，中国科协所属学会、协会、研究会（简称全国学会）共210个，约占全国性科技社团的70%~80%，是我国科技社团的主要代表[1]。各省、市、县也有一支数量庞大的科技社团，涵盖了各个学科领域、行业，总体已经形成了较为完整的体系。在创新驱动发展的时代背景下，习近平总书记明确指出"中国科协各级组织要坚持为科技工作者服务、为创新驱动发展服务、为提高全民科学素质服务、为党和政府科学决策服务的职责定位，团结引领广大科技工作者积极进军科技创新，组织开展创新争先行动，促进科技繁荣发展，促进科学普及和推广"[2]。中共中央办公厅在2017年11月印发了《科协系统深化改革实施方案》[3]，这是贯彻

---

[1] 张晓珍. 我国科技社团发展历程研究[J]. 科技与产业, 2018, (3): 110-113.
[2] 全国科技创新大会 两院院士大会 中国科协第九次全国代表大会在京召开 习近平发表重要讲话[EB/OL]. http://jhsjk.people.cn/article/28394355, 2016-05-31.
[3] 中共中央办公厅印发《科协系统深化改革实施方案》[EB/OL]. http://www.cast.org.cn/art/2016/3/27/art_546_39668.html, 2016-03-27.

落实《中共中央关于加强和改进党的群团工作的意见》①要求和习近平总书记重要讲话精神的一项重大举措,对未来包括科技社团在内的科协系统进一步深化改革进行了顶层规划并设计了实现路径,充分体现出党中央对科技社团工作的高度重视和期待。

然而,科技社团在快速发展的同时,也面临着诸多问题和实际困难。有一小部分成长较好的科技社团已经具备自我成长的能力,在规划发展、活动组织及监督约束等方面形成了良性循环发展的格局,但大多数科技社团出于种种原因而勉强维系,处于濒临解散的危险边缘。上述差异瓶颈的产生,既有我国在科技社团发展过程中长期形成的外部体制性因素的原因,也有科技社团内部组织能力和自我管理能力方面的不足引起的问题。从国家创新发展战略的目标实现和对创新体系构建的要求来看,科技社团在外部的组织体制环境、内部的运行管理机制、自身的活动方式等方面仍然未能达到新时期的要求,存在诸多需要调整和改进的方面。在新一轮深化科技体制改革的过程中,如何进一步明确科技社团在国家创新体系中的地位和作用,理顺关系、明确目标定位和任务,发挥科技社团在国家创新体系中的关键独特作用,使之真正成为推动国家科技事业发展的生力军,是一个值得研究的重要课题。如何按照民主化、法制化、制度化的要求,让科技社团更加具有发展的动力、活力和能力,具有实现自身良性发展的新型运行机制,是当前迫切需要解决的重要问题。

实践的发展离不开理论的正确指导,科技社团要实现健康、可持续的发展,亟待开展更加前沿、广泛的理论研究,以形成更加系统、全面的理论体系和研究框架。另外,我们也应充分了解我国科技社团在发展历程和政策引导方面与其他很多国家和地区②的差异,不能生搬硬套国外的做法,而是应该立足于我国的实际国情,科学地借鉴国外的发展经验与理论成果。

自20世纪80年代中期开始,我国就逐步开始针对科技社团开展相关研究,学术界对科技社团的关注随着时代和科技的发展渐趋升温,越来越多的学者将目光投向科技社团研究这一领域。虽然科技社团的理论研究已有一定发展并取得相应的学术成果,但在以下方面仍有较大的提升空间。第一,研究视角不够宽广,研究层次较为浅显。科技社团的研究领域有很多值得深入挖掘的研究主题和内容,但从目前已有的研究成果来看,高频关键词高度重叠的现象及发文期刊的同质性非常普遍,反映出研究的深入性和全面性有所欠缺。第二,研究方法较为单一,

---

① 新华社. 授权发布:中共中央关于加强和改进党的群团工作的意见[EBOL]. http://www.xinhuanet.com//politics/2015-07/09/c_1115875561_3.htm. 2015-07-09.

② 主要指中华人民共和国领域以外或者领域以内中国政府尚未实施行政管辖的地域,包括香港、澳门、台湾地区。

未能采用更为多元而科学的研究工具进行研究。纵观现有的科技社团研究，多数采用思辨的定性研究方法，缺乏实证的研究方法，研究的深入程度也有待加强。研究方法更多地采用实证调查及量化的研究方法，能够获得更加科学且令人信服的研究结论，基于此的政策建议也会更加接近实际，具有可操作性。除此之外，当今更多量化研究工具的出现，也为拓宽科技社团的研究范围、深挖相关的研究内容，促进不同学科领域在科技社团主题上的交叉互补提供可能，对学术影响力的提升起到巨大的推动作用。第三，科技社团核心期刊文献较少，并没有形成较大的学术影响力，学术关注度在当前阶段仍处于摇摆波动期，下一阶段需进一步加大学术影响范围。

因此，本书运用文献计量学及相关学科的研究方法，通过对国内外已有文献进行收集、整理并加以分析，对科技社团在特定历史阶段和社会背景中的理论研究进行归纳，了解国内外科技社团主要理论的观点、发展过程和前沿热点，揭示其发展规律，寻找差距分析方向，为新时期科技社团新的发展要求提供理论依据。

第二节 理解中国科技社团：历史演进及特点分析

一、中国科技社团的历史演进

1. 中国科技社团的发展历程

我国科技社团的发展经过了较长时间的历史演进，其发展时间轴如图1-1所示。自16世纪中叶，我国已经出现了科技社团的雏形，经历曲折过程发展至今，大体可以分为两个主要阶段：一是中华人民共和国成立之前的早期阶段，二是中华人民共和国成立之后的发展阶段。

我国科技社团最早期的雏形是各类规模不等的学会，一般认为我国最早出现的学会是明穆宗隆庆二年（1568年）在北京成立的一体堂宅仁医会[①]。不同于西方同一时期成立的科技社团（如1660年成立的英国皇家学会），我国早期的科技社团没有得到国家力量的资助，力量较为弱小，甚至在此之后的300多年里，科技社团都处于较为缓慢的发展状态。直至19世纪末、20世纪初，随着西方现代科学技术传入我国，一批社会变革者提出"中体西用"，创建学会作为向西方学习的手段之一而被推广，如康有为公车上书失败之后在北京、上海成立的强学会，就掀起了我国近代历史上第一次科技社团发展的高潮，成为我国真正具有现代意

---

① 王锂. 我国科技社团职能演变及其对社团管理的影响[D]. 首都经济贸易大学硕士学位论文，2010.

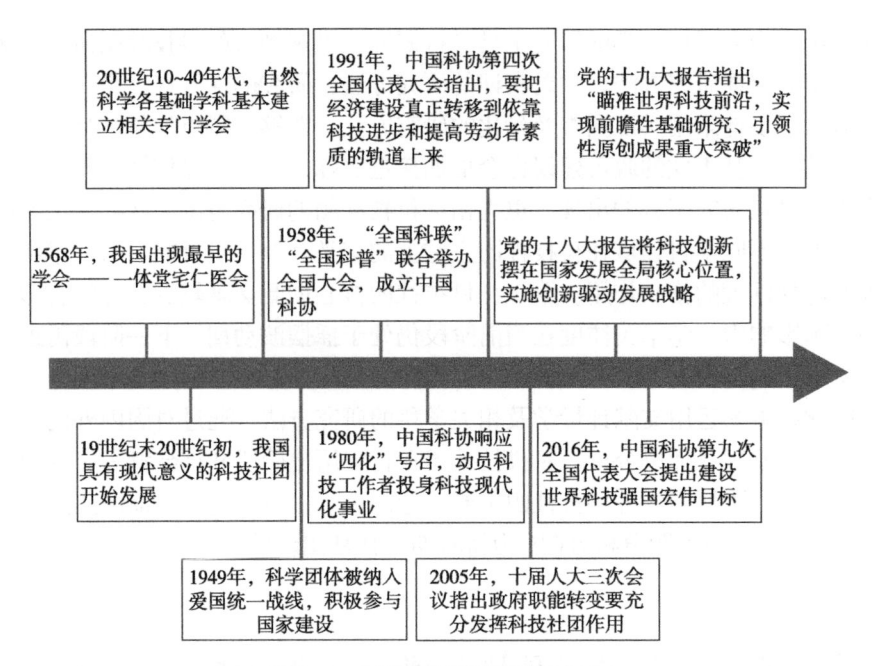

图 1-1　中国科技社团的演进历史

义的科技社团的发端。这一时期形成的学会多为地方性学会，规模和影响力较小，持续时间不长，受时代背景限制，功能也仅局限于满足学会内部成员之间的学术交流。

新民主主义革命时期是我国具有现代意义的科技社团大量涌现的时期，20世纪10~40年代，我国自然科学各个基础学科基本都建立起相关的专门学会[①]。尤其在1937年抗日战争爆发之后，一方面，科技文化事业遭受巨大破坏，另一方面，原本科学技术最落后的大后方地区迁入了大批高等院校和科研机构[②]，解放区政府和科技工作者又组建了一些新的科研机构，这些新机构的产生和大量原有机构的迁入使得大后方科研队伍高度集中，我国科技社团的中心发生转移。这一时期科技社团紧密依靠大学，虽然受限于战时的艰苦环境，但得到解放区政府的支持和鼓励[③]，活动较为频繁，在促进我国西部科技发展的同时，为大后方发展输送了大量科技人才，同时培养了一批科技干部。

中华人民共和国成立后，随着国家整体局势的稳定，我国科技社团在党和国家的重视和指导下迎来了大发展时期。1950年8月，中华全国第一次自然科学工

[①] 高华. 我国科技社团发展中存在问题、成因及对策研究[D]. 山东大学硕士学位论文，2007.

[②] 潘洵，李桂芳. 抗战时期大后方科技社团的发展及其影响[J]. 西南大学学报（社会科学版），2010，（5）：196-200.

[③] 万立明. 论抗日根据地科技社团的发展及其作用[J]. 自然辩证法研究，2012，（1）：74-80.

作者代表会议在北京召开，正式成立了两大科学团体：中华全国自然科学专门学会联合会（简称"全国科联"）和中华全国科学技术普及协会（简称"全国科普"）。1958年9月，经党中央批准，"全国科联"和"全国科普"合并成立中国科协，科协各级组织的逐步建立和完善为我国科技社团的发展提供了必要的组织基础，开启了我国社会主义科技社团发展的新阶段。

十一届三中全会以后，随着改革开放进程的不断深化，市场经济释放出巨大活力，科技社团的非营利组织属性在社会发展中起到的资源整合作用越来越被国家重视。到1989年，中国科协下属的全国性学会由1978年的53个发展到187个，规模迅速扩大[①]。随着21世纪经济全球化进程的不断深入，世界多极化趋势愈加明显，科技创新在提升国家竞争力中的作用被提到了新的高度，党的十八大报告明确提出"科技创新是提高社会生产力和综合国力的战略支撑，必须摆在国家发展全局的核心位置"。直至2016年，全国科协系统组织机构数目已上升至18.5万个，拥有全国学会、省级学会会员1256.8万人，基层组织会员人数达2197万人，已经拥有多层次的组织架构和相当的规模。这一时期科技社团得到国家有力的引导，工作更为规范化和体系化，职能也从早期的开展学术交流、普及科学技术，拓展到开展科技决策咨询、规范科技活动，提供了一些公共服务，承接了政府转移的部分职能[②]。

党的十九大报告再次强调"创新是引领发展的第一动力，是建设现代化经济体系的战略支撑。要瞄准世界科技前沿，强化基础研究，实现前瞻性基础研究、引领性原创成果重大突破"。科技社团作为推进科技创新的重要力量之一，必将迎来新的发展。

2. 中华人民共和国成立后科技社团的政策变迁

历史上，科技社团的发展变迁一直与中华人民共和国发展的阶段主题相契合，为我国的科技文化事业贡献自己的力量。长期以来，党和国家也持续从法规、制度等不同层面对科技社团的工作进行指导。

1949年，"中华全国自然科学工作者代表会议"召开筹备会时，中国人民解放军总司令朱德就做了题为"科学转向人民"的讲话，指出"过去，科学是为封建官僚服务的，今后科学要为人民大众服务，各位科学家应该成为国家建设的计划者和工作者"。他希望科学家一方面可以团结起来为中华人民共和国的建设出力，另一方面，也要和工农大众相结合，和谐民主地管理工厂和农场，用科学的方法做事。当时的中国人民革命军事委员会副主席周恩来也出席了会议，表示自

[①] 徐若菲. 科技社团发展现状与改革研究——学会的非营利营销策略分析[D]. 山东科技大学硕士学位论文，2004.

[②] 赵培. 我国科技社团市场化运作研究[D]. 华中师范大学硕士学位论文，2015.

然科学工作者所要成立的团体，应当是一个广泛的群众性的组织。可见，中华人民共和国早在成立之时就向科技社团和广大科技工作者抛出了橄榄枝，希望科技社团成为拥护新政权的社会团体，并能与工农联盟相结合，成为生产力发展的促进力量。国家对科技社团的期望很快得到了回应，1950年4月，中华全国自然科学工作者代表会议筹备会举行的第十次常委会上，吴玉章主任委员提到："科学团体的主要任务在于配合国家的经济和文化建设工作；要放弃旧社会科学团体与政府部门对立的作风，应向人民政府的有关部门靠拢，成为他们有力的辅助"。这段讲话指出科学团体是与政府有关部门密切合作的学术研究团体，明确地概括了中华人民共和国科学团体的性质和任务。在随后的中华全国自然科学工作者代表会议上，周恩来总理做了题为"建设与团结"的报告，明确指示在中国革命伟大胜利为自然科学开辟的新时代里，中国自然科学的任务就是要与全国人民正在进行的经济建设、文化建设与国防建设密切配合，希望自然科学工作者组织起来，团结合作，努力参加巩固胜利和建设新中国的工作。1958年，"全国科联"和"全国科普"联合举办全国代表大会，该次会议起到了里程碑式的重要作用，通过了建立中华人民共和国科学技术协会的决议，从而使中国共产党领导下的科技社团实现了前所未有的大联合。

1980年，随着十一届三中全会召开后国家在政治上的拨乱反正及改革开放和国家重心向经济建设的转移，中国科协响应时代主题召开第二次全国代表大会，旨在动员全国科技工作者在党的领导下紧密团结起来，为实现科学技术现代化、把我国建设成现代化的社会主义强国而奋斗。胡耀邦代表中共中央出席会议并明确表示"科协是科学家和科技工作者自己的组织，是同工会、共青团、妇联、文联一样重要的群众团体。在向四个现代化进军的征途中，科协尤其具有重要的地位"。他指出，科协应该在"开发人类智力资源的伟大事业中，发挥巨大的历史作用"[1]。这进一步明确了科技社团的社会团体性质，提出了国家在现代化进程中对科技社团的期望。随后，中国科协于1986年修改并通过了《中国科学技术协会章程》，在总则中规定："中国科学技术协会是中国共产党领导下的科学技术工作者的群众团体，是全国性学会和地方科协的联合组织，是党和政府联系科学技术工作者的纽带，是党和政府发展科学技术事业的助手。"而在该次章程修改之后，科协的主要任务由原来的开展学术交流活动，普及科学知识，推广先进技术，拓展到决策咨询、技术咨询和技术服务等领域，还肩负向党和政府反映科技工作者意见和要求的任务，科技社团逐渐开始部分承担智库的功能。

1988年，邓小平第一次明确提出"科学技术是第一生产力"这一重大命题[2]。

---

[1] 1980年中国科协第二次全国代表大会，http://tech.sina.com.cn/d/2006-05-17/2110942734.shtml.

[2] 李媛媛. 新科技革命、互联网时代与社会主义的创新[J]. 科学社会主义，2015，(3)：62-66.

1991年的中国科协第四次全国代表大会重申了这一观点,并指出坚持科学技术是第一生产力,把经济建设真正转移到依靠科技进步和提高劳动者素质的轨道上来,提出了我国科技工作在20世纪90年代必须在"建立节耗、节能、节水、节地的资源节约型经济""有重点地发展高科技、实现产业化"及调整人和自然关系的若干重大领域和基础性研究四个方面取得重大进步的要求。党中央和国务院希望各级科协在新科技革命过程中,履行自己的光荣职责,发挥自己的独特优势,"要加强组织建设,切实做到为基层科技工作者服务,努力成为科技工作者之家"。在这次大会上,中国科协再一次依照新时期国家对科技社团发展的要求修改了章程,并在总则中规定中国科协组织科学技术工作者参与国家科学技术政策、法规制定和国家事务的政治协商、科学决策、民主监督工作[①]。我国科技社团在国家决策过程中的作用被进一步深化,还被赋予了民主监督的职责。

随着改革进程的不断深入,政府职能转变和行政体制改革释放出市场更大活力的同时,更为各类科技社团的发展创造了空间。2001年12月,中国科协印发的《关于推进所属全国性学会改革的意见》明确宣布了全国学会改革的总目标。2004年,党的十六届四中全会进一步指出,要发挥社团、行业组织和社会中介组织提供服务、反映诉求、规范行为的作用,形成社会管理和社会服务的合力。2005年的《政府工作报告》明确强调:加快政府职能转变,进一步推进政企分开、政社分开、政事分开;坚决把政府不该管的事交给企业、市场和社会组织,充分发挥科技社团、行业协会、商会和中介机构的作用[②]。2006年中国科协第七次全国代表大会上,曾庆红对这一问题给出了更为具体的说明:各级政府要进一步关心支持科协工作,在政府职能转变过程中,要积极引导和支持科技团体承担有关社会职能,特别是要重视发挥科技团体在科技评价、科技人员评价和科技奖励等方面的作用,推动社会管理体制创新[③]。同年,国务院发布《国家中长期科学和技术发展规划纲要》,规划了到2020年我国科技事业发展的蓝图,并指出纲要的实施"要在党中央、国务院的统一领导下,充分发挥各地方、各部门、各社会团体的积极性和主动性"。在该纲要的引领下,科技社团在国家治理体系中的地位、作用随着社会组织发展蓝图的勾勒而更加清晰。2007年党的十七大报告提出要"发挥社会组织在扩大群众参与、反映群众诉求方面的积极作用,增强社会自治功能"。2012年党的十八大报告明确提出"加快形成政社分开、权责明确、依法自治的现代社会组织体制"。这一系列重要表述,将社会组织的发展提高到战略高度并赋予

---

① 中国科学技术协会章程[J]. 档案学研究. 1991,(3): 28-30.
② 温家宝. 政府工作报告——2005年3月5日在第十届全国人民代表大会第三次会议上[EB/OL]. http://www.gov.cn/test/2006-02/16/content_201218.htm, 2006-02-16.
③ 曾庆红. 立足科学发展着力自主创新为建设创新型国家建功立业——在中国科学技术协会第七次全国代表大会上的祝词[N]. 人民日报, 2006-05-24.

其极其重要的使命。

2013年，党的十八届三中全会明确提出重点培育和优先发展行业协会商会类、科技类、公益慈善类、城乡社区服务类社会组织，成立时直接依法申请登记，指出要"正确处理政府和社会关系，加快实施政社分开，推进社会组织明确权责、依法自治、发挥作用"①。尤其在2014年之后，党和政府先后出台了《中共中央关于全面推进依法治国若干重大问题的决定》《关于加强和改进党的群团工作的意见》《关于加强社会组织党的建设工作的意见（试行）》《关于改革社会组织管理制度促进社会组织健康有序发展的意见》等，极大地加快和推动了社会组织改革和发展的进程和力度，提出社会组织发展的总体目标是："到2020年，统一登记、各司其职、协调配合、分级负责、依法监管的中国特色社会组织管理体制建立健全，社会组织法规政策更加完善，综合监管更加有效，党组织作用发挥更加明显，发展环境更加优化；政社分开、权责明确、依法自治的社会组织制度基本建立，结构合理、功能完善、竞争有序、诚信自律、充满活力的社会组织发展格局基本形成。"②这一系列顶层设计政策文件的颁布，使得包括科技社团在内的社会组织成为国家治理体系中的重要主体之一，并进一步指明了全面深化科技社团改革的路径和方向。

为应对世界各国科技与国力竞争的加剧，我国将创新驱动发展作为国家的主体发展战略，以此推动经济结构调整、加快发展动力的转换。习近平总书记在党的十八届五中全会的讲话中，强调"为此，我们必须把创新作为引领发展的第一动力，把人才作为支撑发展的第一资源，把创新摆在发展全局的核心位置，不断推进理论创新、制度创新、科技创新、文化创新等各方面创新、让创新贯穿党和国家一切工作，让创新在全社会蔚然成风"③，不仅将科技人才的重要作用提到了前所未有的战略高度，也使我国各级科协及其领导的科技社团的组织定位更加明确，主要目标和任务更加聚焦。在国家创新体系中，广大科技工作者是极其重要的组成部分，只有科技工作者与党中央保持高度一致，才能胜任科技创新和经济建设的艰巨任务，才能保证党中央重要决策部署的落实和实现。截至2018年，我国拥有7 000多万名科技工作者，是创新发展的主力军。而连接科技工作者与党和政府之间的桥梁就是科协及全国学会，这就决定了我国科协及科技社团的重要使命之一就是团结和带领广大科技工作者听党话、跟党走，与党中央保持高度一致。同时，保持和增强政治性、先进性、群众性，才是科协事业发展的生命力

---

① 中共中央关于全面深化改革若干重大问题的决定[N]. 人民日报，2013-11-16.
② 中共中央办公厅，国务院办公厅. 关于改革社会组织管理制度促进社会组织健康有序发展的意见. 2016-08-21.
③ 习近平.习近平在党的十八届五中全会第二次全体会议上的讲话[EB/OL]. http://theory.gmw.cn/2016-01/03/content_18338771.htm，2016-01-03.

所在。2015 年，中共中央办公厅、国务院办公厅印发的《中国科协所属学会有序承接政府转移职能扩大试点工作实施方案》指出，开展中国科协所属学会有序承接政府转移职能试点工作，是贯彻落实中央关于深化行政审批制度改革、正确处理政府与社会关系的重要举措。2015 年 12 月，国家发展和改革委员会与中国科协联合印发《关于共同推动大众创业万众创新工作的意见》，协同推动全国"双创"工作，指出要在联席会议制度和协同推进工作机制之余，"动员各级发展改革委、科协和各类全国性学会，充分激发科技工作者创新创业积极性，调动更多科技创新资源共同推进双创工作，扩大双创工作的覆盖面和影响力"[①]。在 2016 年的全国科技创新大会、两院院士大会、中国科协第九次全国代表大会上，习近平总书记更是提出了建设世界科技强国的宏伟目标，并专门强调"中国科协各级组织要坚持为科技工作者服务、为创新驱动发展服务、为提高全民科学素质服务、为党和政府科学决策服务的职责定位，团结引领广大科技工作者积极进军科技创新，组织开展创新争先行动，促进科技繁荣发展，促进科学普及和推广"[②]。

围绕这一重要目标，2016 年印发的《科协系统深化改革实施方案》以鲜明的问题导向，提出了改革的方向和具体举措。改革的方向包括三个方面：一是面向科技工作者的体制机制改革，加强对科技工作者的服务和联系；二是面向科协及其系统内组织的改革，主要体现在治理结构和治理方式方面的改进调整；三是面向外部社会公众的改革，着重创新公共服务产品的供给机制。通过上述改革，使科协及其领导下的全国学会等科技社团与党中央联系更加紧密，更具生机与活力，真正实现为国家服务、为科技工作者服务、为人民群众服务[③]。

为实现上述改革目标，首先要解决科协原有的积弊，如科协系统机关化、行政化等脱离群众的突出问题已成为阻碍改革的掣肘所在。只有解决了上述问题，所属学会的发展和服务能力才能显著提升。其次，在改革举措上应适应现代社会高度信息化与网络化的特点。具体而言，应采用更加信息化的工作手段、在组织体系的构建上采取更加开放的网络化的方式，同时加强多元主体的参与使治理方式更加现代化。最终能够使科协组织的政治性、先进性和群众性更加突出，具备更加鲜明的开放型、枢纽型、平台型的特色。通过改革，科协组织及其所属学会能够更好地服务科技工作者与创新驱动发展战略，同时实现公民科学素质提高、服务党委政府科学决策的能力提升等目标，能真正成为党领导下团结联系广大科

---

① 国家发展和改革委员会，中国科协. 国家发展改革委 中国科协关于共同推动大众创业万众创新工作的意见（发改高技〔2015〕3065 号），2015-12-24.

② 全国科技创新大会 两院院士大会 中国科协第九次全国代表大会在京召开[N]. 人民日报，2016-05-31，第 1 版.

③ 中共中央办公厅印发《科协系统深化改革实施方案》[EB/OL]. http://www.xinhuanet.com/politics/2016-03/27/c_1118455462.htm，2016-03-27.

技工作者的人民团体、提供科技类公共服务产品的社会组织、国家创新体系的重要组成部分，为更好地服务党和国家中心工作奠定坚实基础。

伴随着顶层制度设计的改革和探索，科协为科技社团的发展提供了更为丰富的成长土壤，并不断完善其政策环境，同时社会环境也随着各项政策的落实得以改善。为促进科技社团加强自身能力建设，科协在推进科技社团组织方式、运行机制和党建工作创新方面采取了一系列措施，以实现学会治理结构和治理方式现代化的转变。通过大力扶持一批优秀科技社团，起到示范、引领、扩大影响力的作用。例如，2009年2月，启动学会创新发展推广工程，一批具有较强示范性的骨干学会得到重点培育和扶持；2012年5月，通过学会能力提升专项，对45家学会进行能力提升专项建设工作，并考虑到科技社团的发展规律，从而将项目周期持续3年时间；2015年，中国科协进一步深化学会能力提升专项二期（学会创新和服务能力提升工程优秀科技社团项目），选拔出50家优秀学会进行支持，全面提升其创新和服务能力，以充分发挥引领、示范作用。除了创新能力和服务能力的强化，科技社团的社会影响力也成为近年来能力提升的目标。2016年4月，《中国科协学会学术工作创新发展"十三五"规划》明确提出要建成若干个具有国际影响力的科技社团。在治理结构和治理能力的提升方面，2016年9月中国科协科技社团党委成立，通过指导科技社团在理事会层面成立党委，发挥党委对学会的政治核心、思想引领和组织保障功能。2017年1月，中国科协颁布《中国科学技术协会全国学会组织通则（试行）》，为规范中国科协业务主管的全国学会的组织工作，促进全国学会组织发展，从宗旨原则、主要任务、管理和内部治理方面确定了明确的准则。在落实《科协系统深化改革实施方案》的具体举措方面，中国科协和有关部门一起制定了时间表和路线图，通过试点学会先行先试，逐步带动并扩散全国。第一步首批选择了50家优秀学会，进行治理结构和治理方式改革试点；第二步在上海、重庆已作为中央第一批改革试点的基础上，再选择3~5个地方科协作为改革试点，建立改革考核指标体系并进行评价，以确保每项改革任务都能得到落实。新时期下，科技社团必将承担更多的责任，助推科技创新的历史性跨越。

二、中国科技社团的特点分析

1. 科技社团的利益相关者

在我国科技社团的运作过程中存在诸多利益相关者，即"能够影响一个组织目标的实现或者能够被组织实现目标过程影响的人"[①]。明确这些利益相关者的

---

① Freeman R E. Strategic Management: A Stakeholder Approach[M]. Boston: Pitman, 1984.

需求与矛盾，能够使科技社团追求的绩效目标更加合理，评价的绩效指标更加全面。科技社团的利益相关者主要可以分为两大类：一类是影响学会目标实现的人或组织，即内部利益相关者；另一类是学会活动将会影响的人或组织，即外部利益相关者。针对科协业务主管的每一个具体学会而言，其内部利益相关者包括三个层面：一是宏观层面的组织者和管理者，即党和政府部门；二是中观层面的管理者，即中国科协；三是微观层面的被管理对象，即学会成员，包括学会中的工作人员和广大会员。而外部利益相关者是指学会活动的外部感知者或影响者，包括各级政府、科技工作者、企业和公众等，如表 1-1 所示。

表 1-1 科技社团利益相关者及需求分析

利益相关者		地位	作用/重要性	利益需求	评价重点
党和政府部门（宏观利益相关者）	党中央、国务院	中国特色社会主义事业的领导核心，引导科技社团工作的前进方向	为科技社团提供宏观政策环境，支持科技社团的发展。重要性强	服从党的领导 承接政府转移职能 服务科技工作者 提供决策咨询 服务创新型国家建设 提高全民科学素质 促进科技繁荣 促进科学普及 促进技术推广	党政建设 科技评价 智库建设 会员服务 科学普及 技术推广
中国科协（中观利益相关者）	高层决策者	直接指导全国学会的各项工作，做出科技社团领域的重要决策，是学会关键利益相关者	负责对学会运作情况实施全过程管理，承担指导、监督、检查、评估考核等工作。重要性强	经费增加，收支平衡 推进学会党组织建设 人力资源优化 组织规模扩大 促进学科发展 三轮驱动、三化联动、三维聚力	经费投入 党政建设 会员规模 学术引领 科学普及 智库建设 期刊创设
	职能部门	配合中国科协对学会的管理和服务	支持学会运作的有关管理工作。重要性弱	各项工作顺利开展 制度化、规范化	
学会成员（微观利益相关者）	工作人员	全国学会管理、决策和日常办事机构	负责学会各项日常工作，包括会员管理、会议举办、期刊管理，做好学会与中国科协的联系工作，向科协和国家汇报学会工作情况。重要性弱	管理、沟通机制健全 数据发布及时 管理制度有效	规章制度 机构设置 信息渠道
	广大会员	学会的主要服务对象和组成人员，是学会的核心	缴纳会费，参与学会决策，享受学会提供的各项服务。重要性强	提供学术交流平台和高水平期刊 行业环境和谐 贡献得到认可	会员服务 道德规范 学术奖励

续表

利益相关者	地位	作用/重要性	利益需求	评价重点
科技工作者、企业、各级政府、公众等（外部利益相关者）	学会工作的外部感知者	资源投入，享受服务，外部评价。重要性弱	科学普及活动 决策咨询 可供转化的科技成果	科普活动 智库建设 声誉影响 成果转化

（1）党和政府部门。中国科协所代表的科技社团是科技工作者的群众组织，是党领导下的人民团体，是党和政府联系科技工作者的桥梁纽带，是国家推动科技事业发展的重要力量，在党和国家机构改革和政府职能转移的过程中扮演着重要角色。党中央作为中国特色社会主义的领导核心，要求科技社团坚持党在政治、思想和组织上的领导，把党的理论和路线、方针、政策贯彻落实到工作的各方面、全过程；具体工作上要"切实增强科协组织的政治性、先进性、群众性，进一步密切与科技工作者联系"；管理运行过程中要"全面改革学会治理结构和治理方式"。总之，就是要把自觉接受党的领导、团结服务科技工作者、依法依章程开展工作有机统一起来[①]。

（2）中国科协。中国科协作为全国科技工作者的统一组织，在党的领导下引领广大科技工作者组成全国学会和地方科协开展相关工作。作为全国学会各项事务的直接指导单位，中国科协长期以来承担着连接党和国家与我国科技社团的重要职能。从中国科协的角度来说，全国学会应该按照要求开展各项工作，内部要提升治理水平，发展会员数量并吸纳高水平会员，具备一定的筹资能力并尽量做到收支平衡，加快学会的党组织建设，对标世界一流科技社团；加快信息化、国际化进程，通过期刊创设、举办学术会议提升对会员的服务水平。外部要增强社会服务能力，做好科学普及工作和创新成果转化，获得良好的社会声誉与影响，切实做到党和国家要求科技社团承担的多项职能。2018年1月在北京召开的中国科协第九届全国委员会第四次全体会议研究讨论了《中国科协成立60周年工作方案》，指出"中国科协将以智库、学术、科普'三轮'驱动科协事业创新发展，以三化[②]联动、三维[③]聚力为原则促进工作流程再造和组织重构，为科技工作者成长成才和基层组织发展解难题办实事，实现科协事业新跨越"，明确了新时期中国科协及其下属全国性学会的重要任务。

（3）学会成员。会员是科技社团的服务对象，他们对科技社团是否满意决定了社团能否吸引高端会员，能否扩大会员规模等[④]。会员一方面通过缴纳会费来履

---

① 全国科技创新大会 两院院士大会 中国科协第九次全国代表大会在京召开[N]. 人民日报. 2016-05-31,第1版.
② 指国际化、信息化、协同化。
③ 指外向拓展、纵横融合、网络活跃。
④ 赵立新. 科技社团绩效评价四维框架模型研究[J]. 科研管理，2011, 32（12）: 151-156.

行会员义务，另一方面也有获得科技社团服务的需求和权利。从宏观上来说，会员希望拥有较为公平与和谐的行业环境，要求学会制定相应的规范约束少数会员的不良行为；从微观上来说，会员希望能够获得科技社团提供的更多服务，通过参与高水平的学术会议获得在高水平期刊上发表文章的优势，并参与技能培训等活动提升自我学术能力，此外，会员还希望如果自己在领域内做出了突出贡献，能够得到相应的表彰和奖励，从而提升自己在领域内的影响力。学会内部工作人员也是学会的重要成员之一，承担着学会运作的日常事务，他们希望学会能够建立制度化、规范化的运作机制，以保证自己的各项工作能够顺利展开。

（4）外部利益相关者。科技社团的外部利益相关者不仅能够为科技社团提供一定的资源（如社会捐赠提供资金、企业合作以转化成果，以及未来可能加入学会的潜在成员），更重要的是通过与学会进行各种形式的互动，获得学会提供的产品和服务（图1-2）。在创新驱动发展战略和国家创新体系建设的影响下，企业成为科技社团一个重要的外部利益相关者，需要学会为其提供知识、技术甚至是人才，以方便将科技成果转化为实际的经济效益。各级政府也是科技社团的重要服务对象之一，随着国家治理水平和治理能力现代化建设的逐步加快，科技社团在科技人力资源上的优势越来越受到政府的青睐，政府希望科技社团能够关注公共利益，提供有益于解决社会实际问题的政策建议，并充当政策执行的"润滑剂"。随着政府与社会关系的调整，政府进一步简政放权，科协逐步承担政府转移职能，科学普及教育这一本来由政府承担的任务逐渐被科技社团替代，社会公众直接享受科协提供的科普产品，还通过各种渠道接收关于科技社团绩效的信息，其反馈决定了科技社团发展的外部舆论环境。

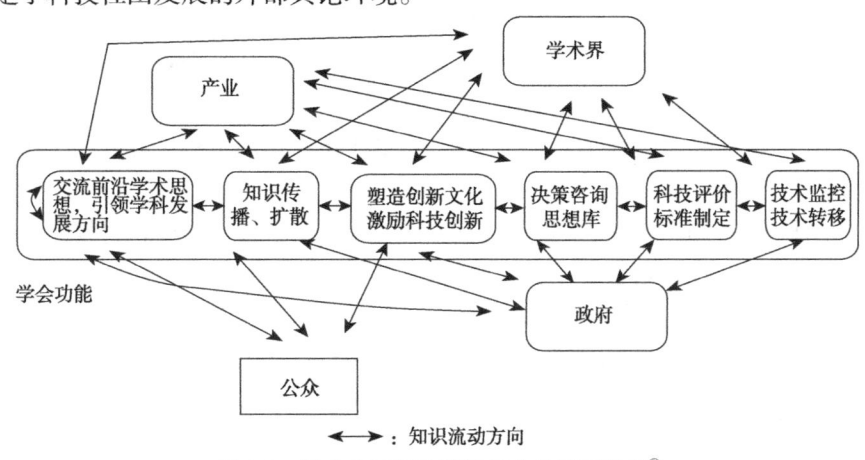

图1-2 学会在国家治理体系中的理想作用[①]

---

① 高然. 科技社团在国家治理体系中的地位与作用[EB/OL]. http://castscs.org.cn/jcll/11694.jhtml, 2018-03-14.

根据对科技社团利益相关者重要性和有关需求的分析，可以发现上述利益相关者在科技社团运作过程中扮演着不同的角色，在利益需求方面存在较大差异，这就决定了科技社团的建设和运营是一个极其复杂的过程，需要满足多维度、多方面的需求。只有理解了科技社团的这些特点，充分考虑其内部治理结构的构建及外部功能的发挥，才能形成适合我国国情、符合时代特征的科技社团建设模式。

2. 科技社团运作过程分析

根据对科技社团运作过程的实地调研、访谈和文献资料整理，结合上述科技社团利益相关者分析，可以将其运作过程分解为投入、过程、结果和影响四个互相作用的基本要素。这四个基本要素的逻辑整合构成了科技社团绩效产生的"因果关系链"，其关系链上的每一个关键节点都会作用于科技社团的行为表现，反映出其建设水平。

一般来说，在绩效管理的逻辑模型中，投入是指用于相关活动的财力、人力、物力资源；过程（或活动）是指调动投入所采取的行动或进行的工作；结果（或产出）是指通过活动实施而产生的产品、商品和服务，或者由活动引起的变化；影响指活动直接或间接产生的效果[①]。这一模型基于"如果保证一定的资源投入并加以很好地管理则预计有怎样的产出"和"项目的产出与社会或经济的直接变化之间的关系及项目结果对整个地区甚至是国家社会、经济、可持续发展等更高层次目标的贡献"的两级逻辑关系，将组织的投入与最终的结果联系起来，有助于理解各环节的因果关系。通过利益相关者分析可以看到，影响科技社团绩效的因素多种多样，如何从诸多影响因素中寻找关键要素是构建评价指标体系的基础和难点。基于"关键影响因素，也就是利益相关者普遍认为会对科技社团行为表现产生重要影响并受到重视的因素"这一认识，借助绩效管理的逻辑模型梳理归纳，找出关键利益相关者的行为和结果，有助于进一步明确科技社团的运作过程和绩效产生机理。

我国科技社团运作过程要素梳理图如图1-3所示。投入主要指科技社团活动所需要的资金、人力及优质人力聚合带来的各类资源。在我国特定背景下，科技社团并不具备国外学会通常具有的经济上的独立性，除了会费、私人与社会捐助之外，政府补贴、津贴及上级组织拨款等资助是科技社团的主要资金来源之一[②]，我国科技社团与政府之间的紧密联系也决定了国家财政投入及其所创造的制度环境是影响科技社团绩效的重要因素。

---

① 程晓龙. 逻辑模型及其在绩效管理中的作用[J]. 卫生软科学, 2007, (2): 124-126.
② 宁方刚. 科技社团的资金来源（1）[J]. 科技导报, 2009, 27 (6): 111.

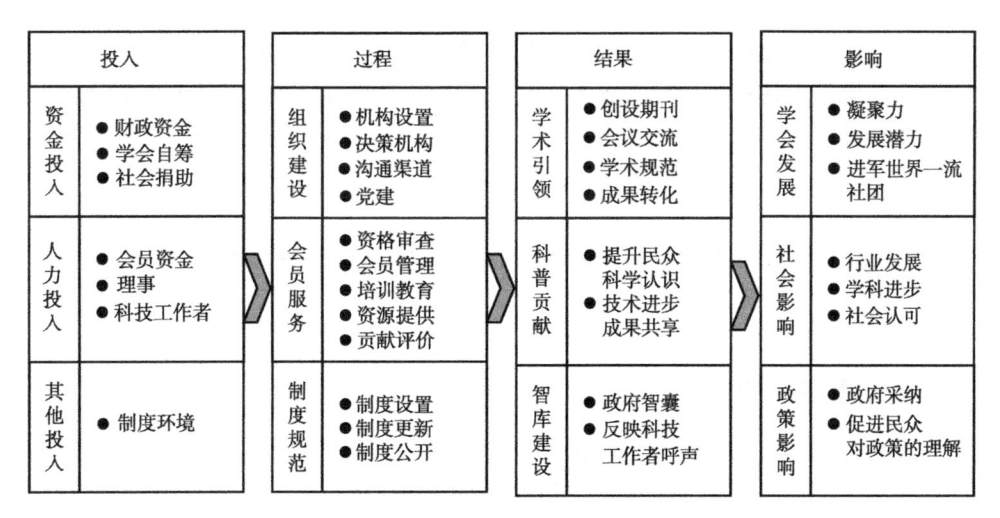

投入		过程		结果		影响	
资金投入	●财政资金 ●学会自筹 ●社会捐助	组织建设	●机构设置 ●决策机构 ●沟通渠道 ●党建	学术引领	●创设期刊 ●会议交流 ●学术规范 ●成果转化	学会发展	●凝聚力 ●发展潜力 ●进军世界一流社团
人力投入	●会员资金 ●理事 ●科技工作者	会员服务	●资格审查 ●会员管理 ●培训教育 ●资源提供 ●贡献评价	科普贡献	●提升民众科学认识 ●技术进步成果共享	社会影响	●行业发展 ●学科进步 ●社会认可
其他投入	●制度环境	制度规范	●制度设置 ●制度更新 ●制度公开	智库建设	●政府智囊 ●反映科技工作者呼声	政策影响	●政府采纳 ●促进民众对政策的理解

图 1-3 科技社团运作过程要素梳理图

过程主要体现了科技社团的内部治理活动，直接反映了其管理能力。从一般意义上来说，科技社团的一切活动都以会员服务为核心，会员服务能力也是科技社团吸引高素质会员的核心要素，可以划分为信息类服务、奖励类服务和增值类服务[①]。而经验和事实已经充分证明，科技社团内部组织建设和制度规范化程度直接影响其活动效率，也是过程环节的关键要素。2016 年中共中央办公厅下发的《科协系统深化改革实施方案》也对全面改革学会治理结构和治理方式做出了新时代下的新要求，成为科技社团发展方向的主要参考。

结果直接表现为科技社团为其会员、社会公众、政府等利益相关者提供的产品和服务。科协作为科技工作者的共同体，通过创设期刊、会议交流等途径引领科学创新，带动学科发展的能力是必然要考虑和衡量的结果之一。在中国科协第九次全国代表大会上，习近平总书记强调"科技创新、科学普及是实现创新发展的两翼，要把科学普及放在与科技创新同等重要的位置，普及科学知识、弘扬科学精神、传播科学思想、倡导科学方法，在全社会推动形成讲科学、爱科学、学科学、用科学的良好氛围，使蕴藏在亿万人民中间的创新智慧充分释放、创新力量充分涌流"[②]。此外，科技社团具有的多学科倍增效应和科技人才聚集效应使其具备天然的决策咨询功能，在完善国家创新体系、承接政府转移职能的大背景下，科技社团向智库方向转型是必然趋势，也是其自身竞争力的重要体现。

影响既包括科技社团活动给学会自身带来的地位提升、凝聚力提升等直接影

---

① 西桂权，丛琳，付宏. 我国科技社团智库的建设路径研究[J]. 智库理论与实践，2018，3（3）：1-7.
② 全国科技创新大会 两院院士大会 中国科协第九次全国代表大会在京召开 习近平发表重要讲话[EB/OL]. http://jhsjk.people.cn/article/28394355，2016-05-31.

响和短期影响,也包括其产品和服务带来的长期经济效益和社会效益,在科技社团逐步承接政府转移职能的背景下,其对政策的影响也已逐步成为科技社团影响的重要指标。

第三节 科技社团研究的研究对象及学科基础

一、研究对象

1645年,罗伯特·波义耳(Robert Boyle)同其他年轻科学家每周共聚午餐,探讨关于英国和欧洲的科学研究新闻。他们把自己的讨论称为"无形学院"(invisible college),后来演变为英国皇家学会。美国的普赖斯教授在他的《小科学,大科学》一书中,把某一研究领域非正式的学术交流群体称为"无形学院"(college 一词兼有学会、社团、学院之意),意指那些从正式的学术组织派生出来的非正式学术群体。这些小群体的成员彼此保持不间断的接触,彼此传阅手稿,相互到对方的机构中进行短期的合作研究。黛安娜·克兰教授在其所著的《无形学院》中,对无形学院重新定义,她把普赖斯教授的无形学院概念所指的某一领域中非正式交流群体划分为两部分:一类是由合作者群体组成的团结一致的亚群体;另一类是由这些亚群体中的领袖人物通过彼此之间的非正式途径、横跨学科进行的信息交流传播所组成的交流网络群体,克兰把这类学术领袖之间形成的交流网络称为无形学院,这种无形学院把许多合作者群体联系在一起。无形学院是科学共同体的重要组成部分,是科学交流的重要机制,也是推动现代科技发展的重要力量[1]。

1942年,英国科学家、哲学家和社会学家波兰尼(M. Polanyi)提出了科学共同体的概念,他在《科学的自治》一文中写道:"今天的科学家不能孤立地实践他的使命。他必须在各种体制的结构中占据一个确定的位置。一个化学家成为研究化学的专门职业的一个成员;一个动物学家、一个数学家或者一个心理学家,每一个人都属于专门化了的科学家的一个特定集团。科学家的这些不同的集团共同形成了科学共同体。"[2]美国社会学家 R. K. 默顿指出科学的最终目的是获取可靠的知识,在此过程中科学共同体起到重要作用,其主要任务就是通过建立和发展科学家之间的密切合作关系,来研究获取新的知识。他强调科学共同体应拥有

---

[1] 王克君. 从科学史看无形学院对科学发展的作用[J]. 东北大学学报(社会科学版). 2001,(2):122-124.
[2] 李蓉. 库恩"科学共同体"的文化社会维度[J]. 理论观察,2011,(2):32-33.

自己的准则规范，包含普遍性、公共性、公正且有依据的质疑。

到了 1962 年，美国著名科学家和哲学家 T. S. 库恩出版了具有里程碑意义的《科学革命的结构》，引起科学界、社会学界对科学共同体更加广泛的重视。该书最大的贡献是为科学共同体的形成、发展和转变提供了认识论基础。作为整个科学系统的核心，科学共同体是为了加强交流、促进科学进步而由科学家结合在一起组成的专业团体，这些科学家拥有共同追求的真理和目标。基于上述目的，科学共同体自身承担多种功能，主要包括科学交流、出版期刊、维护竞争与合作的关系、将个人和地方知识变成更加广泛的公共知识、认可与奖励、制定科学规范和方法、学术监督、培养带动年轻科学家、获取和分配资源、促进学术与社会之间的适应和互动、开展科学知识的普及和传播等。科学共同体的出现是由科学与社会发展的必然需求决定的。当社会中出现了进行科学研究的职业人群，就会有其特殊的利益需求，该类人群会与社会上的其他人群发生各种关系，而他们自身则需要"抱团"形成一定的共同体，产生合力以应对外部的关系和变化。对外而言，科学共同体能够代表和维护科学工作者的利益。对内而言，科学共同体的形成提供了一种组织形态，有利于促进学术交流和成果评价[①]。

我国科学共同体的诞生，可以追溯到 1915 年中国科学社的建立。中华人民共和国成立后，于 1956 年制定了《1956—1967 年科学技术发展远景规划》，科学共同体的力量得以充分展示，并且积累了大量宝贵的经验。到了改革开放时期，随着我国科学事业的飞速发展，科学共同体从规模到形式都日益壮大和多样化。按照民政部的分类，我国全部社团被分成四类：学术性社团、行业性团体、专业性团体和联合性团体。其中，科技类社团是学术性社团的一个类别，主要是指自然科学、工程技术领域内相关研究人员或机构参与学术交流、技术咨询和科学普及的学会、协会和研究会[②]。因此，我国科技社团的研究对象不仅仅是研究科学共同体自身的规律和内在要求，还特指由各级科协主管的学会、协会和研究会，研究其组织特征、资源结构、运行机制、功能发挥、社会职能等内容。作为中国科协的组织基础，截至 2018 年，中国科协所属的全国学会共 210 个，其中业务主管的学会有 189 个，非业务主管的学会有 21 个；是团体会员的学会有 192 个，不是团体会员的学会有 18 个。从学科类别来看，理科学会有 46 个、工科学会有 78 个、农科学会有 16 个、医科学会有 28 个、交叉学科学会有 42 个。

我国各级科协主管的各类学会，是指科技工作者基于学术自由、平等交流、互动自主机制自愿结合而成的，以研究创新、实现会员共同意愿为目的，按照章程开展活动的非营利组织，是一种非机构化的、可接受非职业科学家参与的科学

[①] 库恩 T S. 科学革命的结构[M]. 李宝恒，纪树立译. 上海：上海科学技术出版社，1980.
[②] 中国科学技术协会学会学术部. 科技社团改革创新与发展研究[M]. 北京：中国科学技术出版社，2008.

共同体组织形态。作为第三部门（即非营利组织）的一部分，它既不具备市场营利行为，也不参与政府决策，是独立于政府和企业之外的社会团体[①]。上述概念反映了科技社团的几个特性：首先，科技社团是非营利的非政府组织，这种特性使得科技社团具有较为超脱的地位，组织上较为中立，能够保证一定的活动自主性且具备非营利性所带来的民众信任，其活动也往往带有志愿性，承担着一部分社会服务的职能；其次，科技社团是由科技工作者汇聚而成的，具有跨行业、跨部门、跨国界、跨学科的组织网络优势[②]，大量高素质人才的汇聚也使得科技社团具备领域内的科学性和专业性，形成了一定的决策咨询优势；再次，科技社团是会员自发、自愿聚合而成的，依据会员共同承认的章程进行管理，是一种较为柔性的社会组织[③]；最后，科技社团作为一个组织，有其自身的目标和愿景，包括微观层面的会员发展与服务，中观层面的知识创新与交流，宏观层面的整个学科的发展与进步，都是科技社团努力追求的目标。

与国外科技社团不同的是，我国科技社团的政治性与组织性更加鲜明。2017年颁布的《中国科学技术协会全国学会组织通则（试行）》指出，"全国学会是按自然科学、技术科学、工程技术及相关科学的学科组建，或以促进科学技术发展和普及为宗旨的社会团体"。在职责定位上，以全国所有学会为代表的我国科技社团要认真履行服务的职能，服务对象则包括科技工作者、国家创新驱动发展战略、全民科学素质的提高及党和政府的科学决策。在功能使命上，我国科技社团承担团结动员广大科技工作者不断创新争先、促进科学事业的繁荣和发展、促进科学技术的普及和推广、促进科技人才的成长和提高的任务。在组织建设上，我国科技社团的组织特点不仅要求科技社团更加开放，也要求其成为连接科技工作者的中心枢纽，以及为实现上述功能提供发展的平台。在政治性上，我国科技社团是党领导下的团结联系广大科技工作者的社会团体，其终极目标是为实现中华民族伟大复兴的中国梦而努力奋斗[④]。学会工作不仅代表着我国科技社团的主体活动，也是科协的主体工作。为了从根本上解决以往科技社团凝聚力不够、活力不强、组织松散等突出问题，科协系统深化改革的一个重点就是突出学会治理结构和治理方式改革，这些改革反映了我国科技社团发展过程中的建设重点，包括会员结构、办事机构、人事聘任、治理结构、管理方式、服务能力，以及加强国

[①] 潘建红，石珂. 国家治理中科技社团的角色缺位与行动策略——以湖北省为例[J]. 北京科技大学学报（社会科学版），2015，31（3）：87-96；张国玲，田旭. 欧美国家科技社团发展的机制与借鉴[J]. 科技管理研究，2011，31（4）：24-27.

[②] 张举，胡志强. 我国科技社团参与决策咨询的作用分析[J]. 科学管理研究，2014，32（1）：117-120.

[③] 周大亚. 科技社团在国家创新体系中的地位与作用研究述评[J]. 社会科学管理与评论，2013，（4）：69-84.

[④] 中共中央办公厅印发《科协系统深化改革实施方案》[EB/OL]. http://www.xinhuanet.com/politics/2016-03/27/c_1118455462.htm，2016-03-27.

家级学会与地方科协的协同发展等方面。深化改革都对此提出了更高的要求，指导学会的建设落到实处。

二、学科基础

科技社团研究是一个多学科交叉的研究领域，不同的学科视角为科技社团理论研究贡献了多元化的思想渊源，随着科技社团发展的复杂化，也出现了学科交叉汇聚的现象。科技社团作为一种具有独立社会活动的社会组织，在国家科技创新和经济发展中发挥了重要作用。因此，将科技社团作为一个单独对象考察和研究，无论对经济发展还是对科技进步都具有重要意义。科技社团的理论研究从大的学科基础上不仅涉及社会学、管理学、经济学相关的理论依据，在科技领域细分上还涉及马克思主义哲学、科学哲学、技术哲学、科学社会学（the sociology of science）、科技方法学、科技伦理学、科技心理学、技术经济学、科技政策学、科技管理学、科技传播学等多个分支学科，具有明显的交叉学科的性质。

1. 科学社会学

科学社会学作为社会学研究科学领域的年轻分支，是用社会学的方法研究科学共同体和科学知识建构等，其缘起可追溯到1938年默顿发表的博士论文《十七世纪英格兰的科学、技术与社会》，这篇论文被公认为是科学社会学的奠基之作。默顿从社会学和科学史的视角来研究科学、技术与社会之间的关系，首次对科学、技术与社会的概念进行了清晰阐述。默顿认为科学作为一种社会建制，与社会间的其他要素存在相互依存的关系，并深入探讨了近代科学在英国的社会文化背景。之后，默顿于1942年发表的《论科学与民主》和1957年发表的《科学发现的优先权》为科学社会学确立了基本研究问题及框架。在此基础上默顿的科学社会学分为两个研究体系，即科学制度的规范结构与运行。在《论科学与民主》中，默顿对科学制度的规范结构进行了构建，指出技术规范和行为规范是实现科学的制度性目标的保障。科学的制度性目标是扩展被证实了的知识，而这些规范也是科学知识真理性的保障。技术规范主要指科学研究的方法论，而行为规范则是指约束和协调科学行为的规范，同时也强调了行为规范在科学建制上的强制性和必需性，是实现科学建制目标的必要条件。默顿还归纳了四种必要的制度规范：普遍主义（universalism）、公有主义（communism）、无私利性（disinterestedness）、有组织的怀疑（organized skepticism）主义。自默顿的研究之后，大批社会学家开始广泛关注并进入科学社会学的领域进行研究，如巴伯、哈格斯特龙、斯托勒等都对默顿的思想进行深入阐述、修改和解释，使科学社会学的研究思想日趋成熟，并进一步形成了功能主义的科学社会学研究传统。在该研究思路中，科学被视为一种独立的社会制度或系统，与其他经济制度、政治制度、军事制度等并列，共同组成社会的整体。从研究目的上看，科学社会学旨在研究科学（制度）的社会文化结构和组织方式，以及其内部和外部的互动关系[①]。

总体来看，西方科学社会学的发展可分为三个阶段：第一阶段是对科学整体的社会学研究；第二阶段是以实验室研究为基础，重视对科学的知识生产与传播过程的社会学角度的研究；第三阶段则将前两个阶段融合起来，以知识学研究为基础，进一步拓展到对技能和专长的研究。从这三个阶段的发展，一方面能够看出科学社会学的研究从整体到部分，再到新的整体的转变轨迹，另一方面体现出科学社会学的研究进程对传统科学哲学及技术哲学研究的促进。20世纪80年代中期之后，国外的科学社会学逐渐从科学建制社会学、科学知识社会学发展到科学实践社会学。到了21世纪，以科学实践社会学为基础，进一步纵深发展到"科技与社会协同演化"的互构论图景，将科学领域从实验室拓展到包括政府决策、法庭审判和医疗诊断等在内的更多社会实践，从而更直接、动态地反映出科技与社会同步重构的过程。

近年来，随着日益深化的科学与社会交互作用，科学社会学的重要性日益凸显。科学、技术不断扩大和加深对社会、环境的影响，直接推动了社会结构、知识形态和伦理规范之间关系的不断重构，使科学社会学成为一门新兴学科，着重研究科技与人类社会之间的交互影响，为人们深入了解科学、技术与社会组成的"社会技术系统"提供可能，分析这样一个大系统的运行逻辑、过程机制与发展策略，能够引导人们最大限度地规避社会风险，降低知识中的不确定性[②]。

2. 科技管理学

作为管理学的一个分支，科技管理学是一门新兴学科，伴随着现代科学技术的发展而产生并不断发展起来。20世纪40年代出现了现代科技管理，而科技管理学则是研究科技活动的特点、规律及其有效管理的科学。从研究内容上看，科技管理学是一门跨学科综合性的科学，不仅与管理学、哲学、科学学、控制论、系统论、信息论等学科均有交叉，也与经济学、法学、社会学等关系密切，不断融合吸收形成自己的理论基础。宏观与微观的科技管理，在实践中往往要结合进行，其主要研究内容可具体分为以下方面：科技发展方针、政策、战略规划和科技法规；科技机构及其隶属关系、科技人才与科研组织机构的管理；科研活动的管理、科技经费的合理使用；科技成果的推广应用、科技与经济社会的结合发展。

政府在支持科学技术发展中的作用研究，最早由纳尔森（R. R. Nelson）和阿罗（K. J. Arrow）从经济学方面提出市场失效的理论，即基础研究具有公共物品

---

① 刘珺珺. 科学社会学[M]. 上海：上海科技教育出版社，2009.
② 潘玥斐. 潘玥斐：科学社会学聚焦科技与社会的互构[EB/OL]. http://ex.cssn.cn/bk/bkpd_qkyw/bkpd_bjtj/201707/t20170714_3580169.shtml，2017-07-14.

的性质，单靠市场机制无法实现资源的最优配置，必须由政府来调控和支持。在国家创新系统思想提出以后，学者又提出了政府支持科学技术和创新的系统失灵理论，即创新系统中各组织之间缺少接触（网络失灵，network failure）、缺乏一些行为角色的表现（或绩效不好），或者法律、规则等阻碍相互作用（制度上的失灵，institutional failure），需要政府支持[①]。我国科技社团与政府的关系更为密切，相较于国外科技社团而言，科协作为科技社团的管理机构发挥着政府引导、支持和管理的多方面作用。从科技管理的角度而言，自上而下的政府与科技社团的关系、内部的社团自身管理和运行机制、外部的社团社会治理和功能发挥，都属于科技管理的范畴。对各级科技管理部门来说，能否尊重科技发展和组织的运行规律，调动科学家、科技创新创业者的积极性，对于我国当前推进创新驱动发展战略具有重要的价值和意义。

3. 科技政策学

科技政策可以定义政府为支持科学技术的发展及利用科学技术促进经济社会发展而采取的所有措施的集合，这些措施包括战略规划、法令、条例、科技计划、资金投入和组织建设等。科技政策学则是指关于科技政策的性质、产生、发展和实施的一个专门的学术研究领域，具有自己的核心问题、学科基础、研究方法和知识体系及组织与制度保障。发展科技政策学对我国具有重要的意义：创新驱动发展战略需要科技政策更强的支撑；我国科技政策及相关的研究需要进一步提升和发展；促进科技政策教育的需要。

科技政策的实施对象是大学、公共研究机构和工业部门研究机构等构成的科学技术和创新系统及其科技人员的科技和创新活动。对这些科研组织及科技人员所从事的科学研究、技术发展与创新活动，以及宏观上科学技术发展与社会经济之间的关系所遵循的规律性认识是科技政策制定和实施的依据[②]。科技政策学吸取了政治学、法学、经济学和管理学中的多方面理论，用于夯实科技政策研究基石。科技政策学的理论成果，有助于更好地完善科技政策的制定程序，优化科技政策的制定流程。只有制定出合理有效的科技政策战略和科技管理策略，才能有效地促进科学技术沿着正确的方向前进。作为科学知识产出、扩散主体的科技社团，其定位和发展均离不开科技政策的指引和扶持。如何利用科技社团的平台产生更多的科学知识、推动知识的流动和扩散、提供更好的科技支撑和服务等，均是科技政策学包含的内容。

科技社团具有丰富的内涵，其使命与功能随着社会经济的不断发展而越加复

---

① Carlsson B, Jacobsson S. In search of useful public policies-key lessons and issues for policy makers[C]// Carlsson B. Technological Systems and Industrial Dynamics. New York: Springer, 1997.

② 樊春良. 科技政策学的知识构成和体系[J]. 科学学研究, 2017, 35（2）: 161-169.

杂,这也使得科技社团的研究在多学科的交融碰撞中,不断完善研究视角、拓展新的研究方法、提高科技社团的理论诠释水平。尤其在科技飞速发展的今天,通过博采众长、借"他山之石",梳理自身的发展脉络,了解国内外科技社团发展的特点与趋势,通过相关研究为今后我国科技社团,尤其是学会的发展方向提供理论支撑和借鉴。

第四节 研究方法与数据来源

一、主要研究方法

本书主要采用科学计量学中的相关研究方法展开研究,分析科技社团研究的演进脉络、热点主题等。虽然该类研究方法在文献分析中具有全局把握、整体分析、清晰展示等优点,但是自身无法避免地存在忽略零散文献、容易与实践脱离等缺陷。因此,本书除了使用科学计量学中的相关研究方法,还采用了文献研究、质性访谈等研究方法,一方面对零散但重要的文献进行甄别与梳理,尤其是相关的早期研究成果,补充完善分析过程和结果讨论,确保"不缺不漏"及结论的真实可靠;另一方面采用深入访谈、专家座谈等方式对一线实践工作者进行访谈,并向其展示阶段性研究成果、咨询相关意见,保证研究成果根源于理论,而不脱离实际。

在科技计量学中,文献计量法与内容分析法都是常用的研究方法,但二者在应用范围和实现手段方面各有侧重。文献计量法实质上是一种图书情报学的定量分析方法,采用数学和统计学方法对文献的各种外部特征进行分析,从而实现描述、评价现状和预测发展趋势的目标;内容分析法是一种常用的定性研究的量化分析方法,其特点在于透过繁杂的现象挖掘问题的本质,使用定量统计工具对文本内容进行处理,从中得到有价值的定性结论[1]。综合使用两种方法能够互补不足,提高分析结果的可靠性和准确性。另外,当前常用于文献的研究方法还有知识图谱,这是文献计量法与现代信息技术结合发展的产物,通过对于知识域的可视化呈现,展现科学指数的发展进程与结构关系[2]。

本书在分析过程中,所运用到的具体方法主要包括词频分析法、社会网络分析法、聚类分析法、共词分析法、可视化方法等。

---

[1] 朱亮,孟宪学. 文献计量法与内容分析法比较研究[J]. 图书馆工作与研究,2013,(6):64-66;郑文晖. 文献计量法与内容分析法的比较研究[J]. 情报杂志,2006,(5):31-33.

[2] 任红娟,张志强. 基于文献计量的科学知识图谱发展研究[J]. 情报杂志,2009,(12):86-90.

（1）词频分析法是文献计量学最常用的传统分析方法之一，通过统计反映文献主题内容的关键词和主题词在相关文献中出现的频次，来确定该研究领域的研究热点和前沿问题。同时，该方法还能根据关键词、主题词在时间维度上的变化来确定该研究领域的未来发展趋势[①]。

（2）社会网络分析法是一种社会学研究方法，是对人、集团、组织或者其他信息与知识处理实体的关系和流动的映射和测量[②]。通过关系和信息流动，社会结构因为互动形成了一个相对稳定的网络，网络节点就是人、集团、组织或者其他信息与知识处理实体，而连接则是节点之间的关系或者信息流动。社会网络分析法将个体成员之间的关系进行量化，强调成员之间的关系而非个体特征。社会网络包含若干指标，包括中介性、紧密性、中心性等[③]。中心性分为三种：度数中心性、中间中心性和接近中心性。在文献计量分析中主要用到的是中间中心性分析，借助于社会网络分析构建出作者合作网络及关键词共词网络。

（3）聚类分析法是对一组对象根据目标函数元素的特征进行分类的一种多元统计方法[④]，其利用相似性尺度来衡量事物之间的亲疏程度，并按照事务之间的相似性和差异确定准则来实现分类，使得事物之间的亲疏关系得以明晰[⑤]。常用的聚类分析法有系统聚类法、K-mean 聚类法、模糊聚类法等，共词网络中能够采用聚类分析法对节点进行分类。

（4）共词分析法是内容分析法之一，由法国文献计量学家卡隆（Callon）和劳（Law）提出，是通过找出能够反映文献主题内容的关键词或主题词，统计其两两同时出现的频次进行聚类分析，研究其亲疏关系，从而分析其所代表的热点主题的一种方法。共词分析法用于研究文献内在的联系和学科结构，一般而言，关键词或主题词两两同时出现的频次越多，说明两个文献主题之间的关系越紧密[⑥]。

（5）可视化方法是利用计算机将抽象数据转化为可视化图谱进行展示的研究方法，以此增强人们对抽象数据的认知。该方法最早由罗伯森（Robertson）等提出，信息可视化可以将信息之间的关系明晰化，并揭示信息中研究的规律[⑦]。

在技术手段方面，基于引文分析可视化技术开发的 CiteSpace 软件是目前最为

---

① 马费成, 张勤. 国内外知识管理研究热点——基于词频的统计分析[J]. 情报学报, 2006, 25（2）: 163-171.
② 杨国立, 李品, 刘竟. 科学知识图谱——科学计量学的新领域[J]. 科普研究, 2010, 5（4）: 28-34.
③ 郭津毓. 战略规划领域的知识图谱研究[D]. 哈尔滨工业大学硕士学位论文, 2015.
④ 王今. 产业集聚的识别理论与方法研究[J]. 经济地理, 2005, 25（1）: 9-11.
⑤ 朱宏. 基于知识图谱的我国高等教育研究进展可视化分析——以《高等教育研究》1999—2012 年刊发论文为样本[D]. 西北师范大学硕士学位论文, 2014.
⑥ 李颖, 贾二鹏, 马力. 国内外共词分析研究综述[J]. 新世纪图书馆, 2012,（1）: 23-27.
⑦ Shneiderman B, Bederson B B. The Craft of Information Visualization: Readings and Reflections[M]. San Mateo: Morgan Kaufmann Publishers, Inc., 2003.

流行的知识图谱绘制工具之一,能够通过共引分析和共现分析将一个知识领域的演进发展、热点主题等展现在一张图谱上[①]。利用 CiteSpace 5.0 软件提供的关键词共现图谱功能,能够绘制出基于关键词的共词网络,并通过节点属性的量化分析,实现对于特定研究领域前沿、热点的深入分析和可视化展示。CiteSpace 软件具有强大的文献分析功能,但是需要指出的是,其在数据统计方面的功能尚未完善。为了弥补 CiteSpace 软件对于数据统计功能的不足,本书同时使用 Excel、Stata 等软件进行数据统计及分析处理。

二、数据来源及处理

文献资料的来源为国内外使用广泛且被普遍认可的网络期刊数据库,其涵盖了目前国内外绝大多数学术期刊文献信息,通过其检索得到的文献能够反映学术界对特定研究主题的关注程度,这些文献同时也能够反映该研究领域内在特定时期的研究前沿及长期以来的演进脉络。由于检索结果中存在一定的与主题无关或者其他类型的结果,为保证数据的完整性和准确性,对于检索结果进行清洗后,才能够成为后续分析的基础。清洗过程均由人工操作,采用多人独立清洗的方式进行,通过多次讨论,直至得到统一结果,以保证数据的质量。

在本书中,国内研究来源为中国学术期刊网络出版总库(CAJD),其由清华大学学术期刊电子杂志社和清华同方知网技术有限公司承担,中国学术期刊网络出版总库是世界上最大的连续动态更新的中国学术期刊全文数据库,是"十一五"国家重大网络出版工程的子项目,是《国家"十一五"时期文化发展规划纲要》中国家"知识资源数据库"出版工程的重要组成部分,其核心期刊收录率为 96%;特色期刊(如农业、中医药等)收录率为 100%;独家或唯一授权期刊共 2 000 余种,约占我国学术期刊总量的 30%,网络出版时间相对各刊物纸制出版时间滞后平均不超过两个月,日均新增文献逾万篇。检索时间为 2017 年 6 月 19 日,按照"科技社团"为主题,时间设置为 2016 年及之前,来源为全部期刊,使用精确检索方式进行检索,共得到 1 622 篇文献。由于本书的研究内容区别于学校机构内部、单纯由学生为组成人员的"科技社团",在数据清洗过程中除去相关文献,并剔除期刊通告、新闻报道、转载文章、会议综述、人物介绍等无关内容,清洗后共得到 866 篇文献,这些期刊能够反映我国以科技社团为主题的研究全貌。

国外研究来源为 Web of Science(WOS)数据库,其由美国科技信息所(Institute for Scientific Information,ISI)提供,该数据库历来被公认为世界范围最权威的科学技术文献的索引工具,能够提供科学技术领域最重要的研究成果,SCI(Science Citation Index,科学引文索引)和 SSCI(Social Sciences Citation

---

① 陈悦,陈超美,刘则渊,等. CiteSpace 知识图谱的方法论功能[J]. 科学学研究,2015,(2):242-253.

Index，社会科学引文索引）引文检索的体系更是独一无二，不仅可以从文献引证的角度评估文章的学术价值，还可以迅速、方便地组建研究课题的参考文献网络。发表的学术论文被 SCI 和 SSCI 收录或引用的数量，已被世界上许多大学作为评价学术水平的一个重要标准。检索时间为 2017 年 6 月 23 日，数据库设置为 WOS 核心数据库。使用"scientific society"or"scientific societies"or"scientific community" or "scientific communities"为检索词，按照主题检索方式，由于较为连续的中文研究从 1990 年开始，时间设置为 1990~2016 年，文献类型选择为与中文期刊对应的 Article 和 Review 两种，在医学、生物学、药理学等相关研究中，大量文献中仅提及科技社团一词，但实际研究内容与科技社团无关，由于检索工具的缺陷性，在数据检索过程中无法进行有效甄别，因此在研究方向设置中将该类研究筛除。检索结果共得到 2 919 篇文献，剔除如学生社团研究、医学研究成果介绍、社区传播等与研究主题明显无关的文献，以及少量转载、书评等，清洗后共得到 1 164 篇文献，这些文献是国际上科技社团研究的主要反映。

第二章　科技社团研究的支撑体系

第一节　研究载体分析

一、学科分布与交叉现象

对已有方法、理论、概念、学科的综合是当代科学技术取得重大成就的途径之一，学科之间的相互渗透、交叉、融合已经成为科学技术发展的基本趋势。本书针对"科技社团"相关国内期刊文献中涉及的学科进行统计，通过分析可以发现，当前国内科技社团相关研究的期刊论文，其所涉及的学科大多数集中在"科学研究管理"这一学科分类上，比例占到整体的83.4%，其余则分散在"行政学及国家行政管理""工业经济""社会科学理论与方法""出版"等学科。研究学科集中度高的特点有效地促进了"科学研究管理"这一领域的发展与进步，然而也在一定程度上限制了其余学科的均衡发展。期刊论文研究涉及的学科的交叉现象相对来说较为有限，平均每篇论文仅涉及1.02个学科，研究基本集中于某一类学科展开。随着时代发展，学科交叉研究能够借助多学科、多视角的优势来更好地研究重大问题，这也将是未来研究的大势所趋。另外，科技社团涉及的学科基础应当是分布甚广的，但国内科技社团研究的学科交叉明显不足，这反映了当前研究的相对局限性及适用性的限制。

对科技社团的国际期刊文献中所涉及的学科进行统计，可以发现，研究涉及的学科更加丰富，学科的分布也较为分散。学科主要分布在"科学技术与其他主题"（science & technology-other topics）、"社会科学及其他主题"（social sciences-other topics）、"环境科学与生态学"（environmental sciences & ecology）、"计算机科学"（computer science）、"工程学"（engineering）、"全科医学与内科学"（general & internal medicine）等方面。国际期刊中科技社团研究学科分布网络图谱如图2-1所示，图2-1中每个节点都代表一个学科，节点间的连线表示存在同时属于该两个学科的研究，图 2-1 中连线密集且复杂，可以看到国际上科技社团研究能够涉及十分丰富的各类学科，并包含大量的跨学科研究论文，学科交叉现象突出。学科交叉点往往能够作为新的科学前沿、新的科学生长点，并由此产生重大的科学突破，使科学发生革命性的变化。同时，交叉学科的研究能够作为综合性与跨学科的产物，在人类解决其面临的重大复杂科学问题、社会问题和全球性问题时起到重要的辅助作用。

图 2-1　国际期刊中科技社团研究学科分布网络图谱

二、期刊载文分布概况

将科技社团研究的期刊文献作为其研究发表的载体，通过对中文 800 余篇文献的刊载期刊进行统计排序，得到科技社团研究载文数量排名前 20 位的国内期刊，如表 2-1 所示。从表 2-1 可以看出，多数期刊为经济与管理综合类，由中央、地方科协及科学学与科技政策研究会主办。其中，《学会》成为刊载频数最高的期刊，数量达到 339 篇，其载文数量显著高于其他期刊，体现出《学会》在国内对科技社团的研究中占据了重要的地位。《学会》是由中国科协学术部主办的一本综合性刊物，主要对象是全国科协系统和广大科技工作人员。该刊物通过交流各学会的改革经验、研究科技社团相关理论、推进学科发展和普及科技知识，为我国广大科技社团管理者和科技工作者搭建工作交流的平台，也提供共同交流探讨的机会，创刊以来对全国学会的改革和发展起到理论指导的重要作用。此外，《中国科技期刊研究》和《科技导报》等科技类期刊也受到学者的青睐，研究载文数量排名均居于前 10 位。值得关注的是，载文数量前 10 位国内期刊的主办单位，除广东省科学学与科技管理研究会属于地方性单位之外，其余均为国家、中央层面的组织机构。由此体现出国家对科技社团研究的重视，同时，地方性组织则应该加强对该类研究主题的关注度。科技社团相关研究应该紧密与地方实际情况结合，通过地方结合自身实际情境进行研究，更有助于推进将科技研究转化为生产动力，解决地方实际经济技术问题，从而实现经济发展与超越。

表 2-1 科技社团研究载文数量排名前 20 位的国内期刊

序号	期刊	综合影响因子	主办单位	载文数量/篇
1	《学会》	0.093	中国科协	339
2	《科协论坛》	—	中国科协	252
3	《科技导报》	0.432	中国科协	12
4	《中国科技产业》	0.171	科技部中国产学研合作促进会	12
5	《科技管理研究》	0.504	广东省科学学与科技管理研究会	10
6	《继续教育》	0.171	总装备部继续教育中心	8
7	《中国科技期刊研究》	1.394	中国科学院自然科学期刊编辑研究会	8
8	《中国科技论坛》	0.789	中国科学技术发展战略研究院	7
9	《科学学研究》	1.804	中国科学学与科技政策研究会	6
10	《社团管理研究》	—	中国社会组织促进会	6
11	《科技传播》	0.031	中国科技新闻学会	4
12	《科技情报开发与经济》	0.098	山西省科技情报研究所	4
13	《当代经济》	0.086	湖北省经济管理干部学院	3
14	《国际人才交流》	—	国家外国专家局国外人才信息研究中心	3
15	《科技创新与生产力》	0.060	太原科技战略研究院	3
16	《科技创业月刊》	0.057	湖北省科技信息研究院	3
17	《科技通报》	0.276	浙江省科学技术协会	3
18	《未来与发展》	0.216	中国未来研究会	3
19	《冶金丛刊》	0.058	广州市金属学会	3
20	《自然辩证法研究》	0.292	中国自然辩证法研究会	3

通过对 1 164 篇英文文献的刊载期刊进行统计，得到载文数量排名前 20 位的国际期刊，如表 2-2 所示。可以看到，载文数量最多的期刊为 *Observatory*（《天文台》），其载文数量达到 59 篇，远高于第 2 名的 *Scientometrics*（《科学计量学》），其载文数量为 35 篇。排名第 3 位的期刊为 *Science and Engineering Ethics*（《科学与工程伦理》），载文数量为 26 篇。可以看到，排名前 7 位的期刊其载文数量都在 10 篇以上，数量较为集中，而第 8 名及以后的期刊载文数量均低于 10 篇，分布

趋于分散，其代表性与显著性低于前者。在载文数量排名前 5 位的期刊中，可以看到，不乏影响因子极高的期刊，如 Science（《科学》）与 Nature（《自然》），其影响因子分别为 37.205 与 40.137，显著高于表 2-2 中的其他期刊。反观之，排名第 1 位的期刊 Observatory（《天文台》），其影响因子仅有 0.156，排名第 8 位的 Historical Studies in the Natural Science（《自然科学的历史研究》），其影响因子为 0。这类情况与国内科技社团期刊论文的载文分布情况相似，国内载文数量居第 1 位的《学会》期刊，其综合影响因子为 0.093，相对低于排名在其后的几种期刊。考虑到影响因子是被引量与载文数量之间的一种比例关系的结果，以上影响因子较低的原因可能在于其期刊平时的刊载发文量基数较大，从而对影响因子产生了一定影响。通过与中文文献对比可以发现，国际期刊的载文数量最高值为 59 篇，远低于中文期刊的载文数量最高值 339 篇，国外的集中程度低于国内，国内对于科技社团研究的重视则更为集中。这也可以说明，适当的期刊能够作为良好的研究平台，促进科技社团相关研究体系的发展与完善。

表 2-2　科技社团研究载文数量排名前 20 位的国际期刊

序号	期刊	影响因子	载文数量/篇
1	Observatory（《天文台》）	0.156	59
2	Scientometrics（《科学计量学》）	2.183	35
3	Science and Engineering Ethics（《科学与工程伦理》）	0.963	26
4	Science（《科学》）	37.205	23
5	Nature（《自然》）	40.137	19
6	Minerva（《密涅瓦》）	0.891	16
7	International Journal of Technology Management（《国际技术管理杂志》）	0.625	13
8	Historical Studies in the Natural Sciences（《自然科学的历史研究》）	0	9
9	Isis（《科学社会史杂志》）	1.046	9
10	PLoS One（《美国科学公共图书馆生物学期刊》）	3.234	9
11	Scientist（《科学家》）	0.505	9
12	Social Studies of Science（《科学社会研究》）	2.351	9
13	Arkhiv Patologii（《病理学家》）	0.080	8
14	Bioscience（《生物科学》）	5.377	8
15	British Medical Journal（《英国医学杂志》）	0.537	8
16	Chemical & Engineering News（《化学&工程通讯》）	0.269	8
17	Interciencia（《多学科科学杂志》）	0.194	8
18	Terapevticheskii Arkhiv（《精神病治疗师》）	0.049	8
19	Voprosy Psikhologii（《精神病学》）	0.142	8
20	Studies in History and Philosophy of Science（《科学史与科学哲学研究》）	0.452	7

第二节 研究力量分析

一、作者分布与合著网络

作者的文献数量能够有效地反映其知识产出能力。我们利用软件对中文期刊科技社团研究发文数量排名靠前的作者及其合作网络进行统计分析。表 2-3 展示出截至 2017 年 6 月国内发表科技社团相关研究数量最多的 10 位作者，发文数量由高到低依次为陈惠娟、肖兵、胡祥明、韩晋芳、刘社平等。可以看出，科技社团研究的作者多来自科技管理实践部门，如陈惠娟，其发文数量达到了 16 篇，成为发文数量最多的作者。陈惠娟曾任江苏省科协的党组书记、副主席，对科技社团的状况与发展有着较为深入的了解与关注。她认为科技社团应该回归本色，增强服务能力与活力，为承接政府职能转移做好准备，并倡导江苏科协实施服务人才国际化战略。此外，值得关注的是，中文科技社团研究发文数量排名前 10 位的作者中，除 1 位来自高校之外，其余 9 位均来自中央、地方科协。科协在科技社团研究方面所起的重要作用不容小觑，而高校同样作为汇集学术科研人才的组织，在科技社团研究方面的潜力则仍待进一步发掘。

表 2-3　1990~2017 年国内期刊中科技社团研究发文数量排名前 10 位的作者

序号	作者	所属机构	发文数量/篇
1	陈惠娟	江苏省科协	16
2	肖兵	湖南省科协	10
3	胡祥明	黑龙江省科协	9
4	韩晋芳	中国科协	8
5	刘社平	陇南市科协（陇南地区科协）	8
6	刘松年	华中农业大学	8
7	隗斌贤	浙江省科协	8
8	杨文志	中国科协	8
9	王晓聪	诸暨市科协	7
10	张楠	中国科协	7

在 CiteSpace 5.0 软件操作中，将时间跨度选为 1990~2016 年，设置 Time Slice（即时间片层）为每 3 年一个阶段，将整个 27 年的时间跨度分为 9 个时间段，将数据抽取对象选择 Top 30（即前 30 项），其他选项保持默认状态进行处理，得

到如图 2-2 国内科技社团研究的作者合作关系网络图谱。图 2-2 中节点的大小表现的是作者的发文数量，作者间连线的粗细则表示合作频数的高低，连线越粗说明作者间合作发文关系越密切。图 2-2 反映的是国内科技社团研究的作者合作关系网络，数据说明节点数量 N 为 211 个，连线（即合作关系）的数量为 62 条，合作网络的密度 Density 仅为 0.002 8，因密度稀疏，较多单独节点未能在图 2-2 中显示。发文数量排名靠前的作者间合作十分有限，绝大多数作者在科技社团研究领域方面属于"单打独斗"，并没有交往密切的合作者与之共同进行同一主题的研究，从图 2-2 中可以分辨出的仅有蒋辽远、黄自发、李正墨三位学者间有着密切的合作研究关系，其余发文数量较高的作者，如陈惠娟、胡祥明、韩晋芳等并无长期固定的合作对象共同进行研究。蒋辽远作为中华预防医学会的常务副秘书长与江苏省预防医学会秘书长，倾向于通过合作研究来推动江苏省预防医学会在承接政府转移职能工作中的探索和思考。

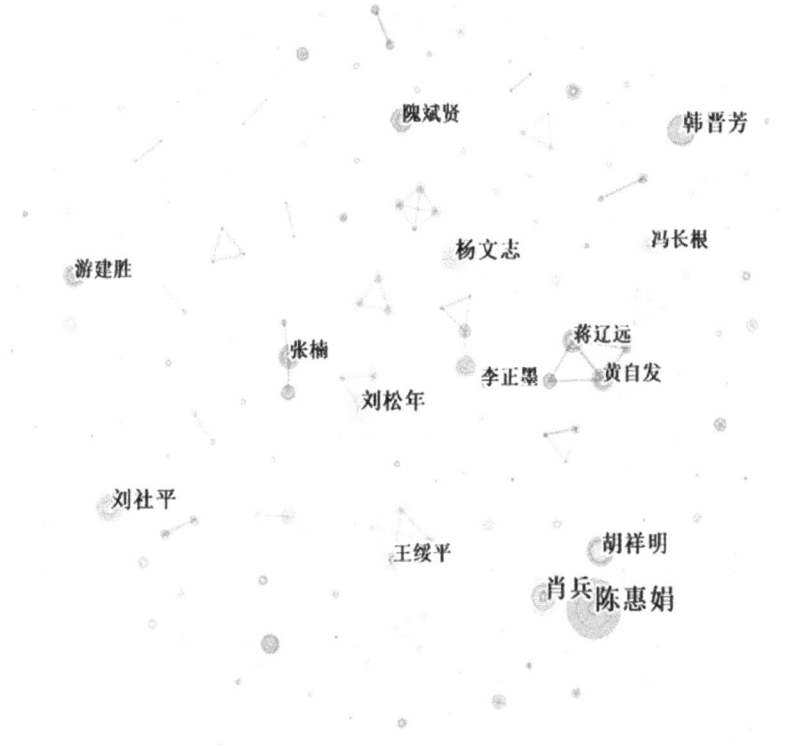

图 2-2　国内科技社团研究的作者合作关系网络图谱

同样地，本书通过对国际期刊中科技社团研究的作者进行统计，得到发文数量排名前 20 位的作者，如表 2-4 所示，发文数量按由多到少排序依次为 Jordan C，Cruise A M，Longair M S，Pounds K A，Lyndenbell D 等。发文数量最多的作者为

Jordan C，来自加拿大麦克马斯特大学，其研究主要集中于药学这一学科领域，发文数量为 14 篇，数量基本与国内发文最多的作者持平。发文数量居第 2 位的学者 Cruise A M 来自美国约翰斯·霍普金斯医学院，其研究领域为特种医学，发文数量为 9 篇。排名第 3 位的 Longair M S 则来自英国皇家天文台，其研究领域为天文学等学科，发文数量为 8 篇。可以看到，国际英文期刊发文数量较高的专家多来自高校这一系列组织机构，高校在科技社团相关研究方面做出了极大的贡献，这与国内高校在科技社团研究方面贡献力量较小的现象形成了鲜明对比。

表 2-4　国际期刊中科技社团研究发文数量排名前 20 位的作者

序号	作者	发文数量/篇	序号	作者	发文数量/篇
1	Jordan C	14	11	Whaler K A	4
2	Cruise A M	9	12	Hin L T W	4
3	Longair M S	8	13	Walsh D	4
4	Pounds K A	8	14	Diez-Garcia R W	4
5	Lyndenbell D	7	15	Frankel M S	4
6	Rees M J	7	16	Mcnally D	4
7	Tayler R J	6	17	Subramaniam R	4
8	Xiao H G	5	18	Murdin P	3
9	Whaler K	5	19	Ferrer R	3
10	Requena J	4	20	D'Agostino M A	3

通过观察国际科技社团研究作者合作关系网络图谱（图 2-3），可以看到发文数量较高的作者之间合作关系较为紧密，形成了以 Jordan C 和 Cruise A M 为主要核心的作者合作关系网络。此外，也有两位作者间有固定的合作关系，如 Frankel M S 与 Bird S J，Amouyel P 与 Montaye M 之间，他们相对来说与外界的合作关系较少，研究通常集中于固定合作伙伴之间。Bird S J 来自美国波士顿哈佛医学院附属的布里格姆附属医院（Brigham and Women's Hospital），其合作伙伴 Frankel M S 则来自美国科学促进会（American Association for the Advancement of Science，AAAS），二者通过合作对科技社团如何促进学术独立性等内容进行了研究。Amouyel P 与 Montaye M 则均来自法国北部大学里尔巴斯德研究所（Institut Pasteur de Lille，Université Nord de France），二者主要在医学领域对科技社团发展进行合作研究。图 2-3 显示的发文数量较多的国外研究学者中，仅有一位作者——来自法国凡尔赛大学凡尔赛中心医院（Centre Hospitalier de Versailles，Versailles-Saint Quentin University）的 Teissier P 没有与外界进行频繁的合作研究，其他作者均为合作研究，这与国内以"孤军奋战"为主流的研究情况形成了鲜明的对比。

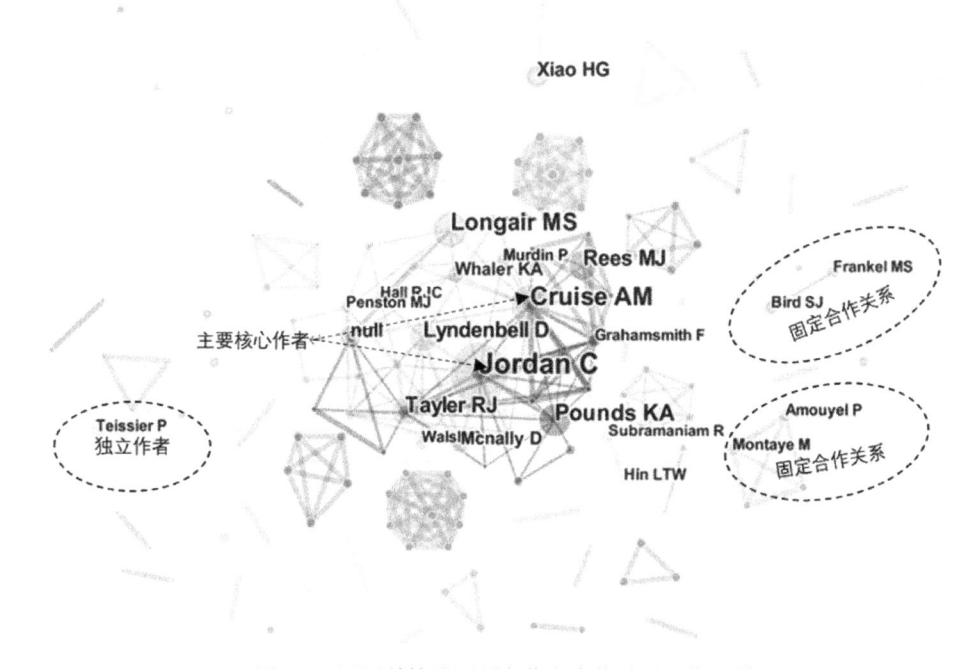

图 2-3　国际科技社团研究作者合作关系网络图谱

二、机构分布与合作网络

对 1990~2017 年国内期刊中科技社团研究相关作者归属的机构进行统计整合，得到如表 2-5 所示的结果，表 2-5 按照各机构的发文数量进行由高到低的排序。中国科协凭借 116 篇文献成为发文数量最多的机构，远远高于排名第 2 位的江苏省科协的 27 篇发文数量。湖南省科协居第 3 位，其累计发文数量为 23 篇。从表 2-5 的分析结果可以看出，在国内发文数量排名前 10 位的组织机构中，除排名第 5 位的中国科学院之外，其余 9 家机构均为中央、地方科协。放眼排名前 20 位的机构榜单，又出现武汉理工大学、东南大学、清华大学、华中农业大学 4 所高校，由此说明致力于研究科技社团的国内高校数量并不少，只是其对于科技社团研究的集中程度要低于各地科协，因而排名上升还有些困难。由此体现出科协在我国当前科技社团研究领域占据着十分重要的地位，而高校的科技社团相关研究则仍然存在着很大的发展空间可以挖掘。结合前文的合作关系网络分析，可以看出，我国科技社团研究主要关注对象来自上级管理部门，如中央和地方科协，依旧为政府管理主导的模式，这样一方面虽然在一定程度上扶持了科技社团的发展，但另一方面使其他参与主体的主动性和积极性受到限制，未能从推动科学发展的角度来拓展科技社团的发展方向，学者之间的合作研究也就寥寥无几。因此，从加强科技社团研究主体的角度来看,应更加重视培养科技社团内科学家和成员的主人翁意识,强调科技社团的社会网络和沟通平台作用,促进学者间对科技社团合作研究的可能性。

表 2-5　1990~2017 年国内期刊中科技社团研究发文数量排名前 20 位的机构

序号	机构	发文数量/篇	序号	机构	发文数量/篇
1	中国科协	116	11	湖北省科协	10
2	江苏省科协	27	12	山西省科协	10
3	湖南省科协	23	13	武汉理工大学	9
4	上海市科协	17	14	重庆市科协	9
5	中国科学院	17	15	东南大学	8
6	福建省科协	16	16	清华大学	8
7	北京市科协	15	17	华中农业大学	8
8	河北省科协	15	18	山东省科协	7
9	浙江省科协	11	19	浙江省院士专家工作站	7
10	黑龙江省科协	10	20	诸暨市科协	7

根据统计 1990~2017 年国内期刊中发文数量排名前 20 位的机构的期刊发文数量,按前文统计方法使用 CiteSpace 5.0 软件分析数据得到图 2-4 所示的结果,圆点越大表示发文数量越多。图 2-4 中共出现节点数量 N(即组织机构数量)161 个,连线 E(即合作关系)共 24 条,机构间合作网络的密度 Density 仅为 0.001 9。根据图 2-4 中的连线可以看出,中国科协与中国科学院在科技社团研究领域有着较为密切的合作关系,江苏省科协与东南大学作为江苏省重要的人才聚集地同样有着较为紧密的合作关系。在科技社团研究过程中,地方科协与本地高校的合作能够有效地实现人才的整合与利用,从而加快相关领域科技社团研究的发展。其余机构,如湖南省科协、福建省科协与黑龙江省科协等,则更倾向于自成一派独立研究。而在图 2-4 中显示名称的发文数量较多的 16 家组织机构中,有 13 家为中央和地方科协,占据了榜单的绝大多数;其余 3 家为高校,同样在科技社团研究中起着重要作用。就研究机构的地域分布来讲,超过半数机构位于我国东部地区,中部地区分布的机构次之,西部地区的机构仅有重庆市科协一家,机构地域分布体现出严重的不均衡状态。事实上,随着我国近几年不断强化的高等教育建设和科研机构改革,中西部地区的科研能力得到较大提升,科技社团的发展日益蓬勃,然而在理论研究上却明显不足,没有与现实的发展紧密联系。一般而言,

理论研究与实践发展是相辅相成的，实践经验的归纳总结可以上升为理论研究，而更高的理论研究水平可以进一步指导实践更好发展。因此，目前在我国科技社团的理论研究上，理论研究尚未能跟上实践发展的步伐，是值得重视并需要加强的。

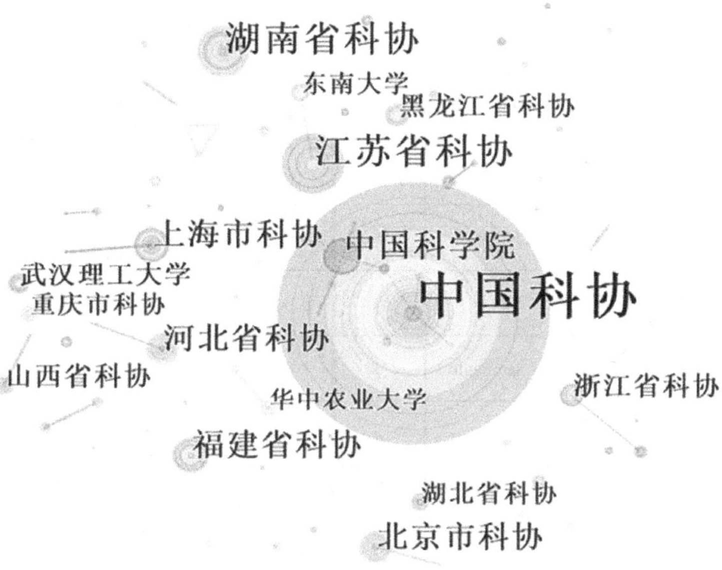

图 2-4 1990~2017 年中文期刊发文的研究机构合作关系网络图谱

在对 1990~2017 年国际期刊中发文数量排名前 20 位的机构进行排名之后得到如表 2-6 所示的结果。发文数量最多的机构为米兰大学（University of Milan），发文数量达到了 11 篇，其次是罗马第一大学（University of Roma La Sapienza），发文数量 10 篇，以及哈佛大学（Harvard University），发文数量 9 篇。排名前 3 位的机构均为大学等高校，高校在科技社团研究中扮演着十分重要的角色。这一现象在国际期刊研究发文数量排名前 20 位的榜单中也十分显著，除 CNR（Italian National Research Council，意大利国家研究会）与 CSIC（The Spanish National Research Council，西班牙国家研究会）为欧洲非高校的学术研究机构之外，其余 18 位均为著名高校。从榜单中还可以看到，前 20 位机构中有一所来自我国，即排名第 16 位的香港理工大学，其发文数量为 5 篇。这一现象与我国境内的"科协为主，高校少数"也形成了鲜明的对比，我国应借鉴这种研究机构分布情况，大力推动高校，尤其是位于中西部地区的高校，加强对科技社团的关注度与研究力度。

表 2-6 1990~2017 年国际期刊中科技社团研究发文数量排名前 20 位的机构

序号	机构	发文数量/篇	序号	机构	发文数量/篇
1	米兰大学（University of Milan）	11	11	宾夕法尼亚大学（University of Pennsylvania）	6
2	罗马第一大学（University of Roma La Sapienza）	10	12	哥本哈根大学（University of Copenhagen）	6
3	哈佛大学（Harvard University）	9	13	明尼苏达大学（University of Minnesota）	6
4	巴塞罗那大学（University of Barcelona）	9	14	巴黎第六大学（University of Paris 06）	5
5	意大利国家研究会（CNR）	8	15	亚利桑那大学（University of Arizona）	5
6	西班牙国家研究会（CSIC）	7	16	香港理工大学（Hong Kong Polytech University）	5
7	圣保罗大学（University of Sao Paulo）	7	17	密歇根州立大学（Michigan State University）	5
8	麻省理工学院（MIT[1]）	6	18	科罗拉多大学（University of Colorado）	5
9	加州大学洛杉矶分校（University of California，Los Angeles）	6	19	雅典大学（University of Athens）	5
10	马里兰大学（University of Maryland）	6	20	华盛顿大学（University of Washington）	5

1）MIT：Massachusetts Institute of Technology，麻省理工学院

回顾科技社团发展的历史，一定程度上可以说明科技社团在欧洲高校和机构的研究更加深入和广泛。科技社团最早起源于 17 世纪英国的"无形学院"，其对于科学知识的产生、发展和扩散起到了巨大的推动作用，由于英国在当时及后期科学发展史上的重要影响力，也带动了欧洲各国科技社团的发展壮大，进而形成科技社团自身的管理模式和发展方向，促使科技社团理论研究不断深化，研究机构的合作日益丰富。而相比之下，我国的科技社团发展时间较短，管理模式较为简单，也导致从研究主题到研究内容和方法都较为单一的现象。

此外，通过研究机构及其之间的合作关系进行统计制图，得到如图 2-5 所示的国际期刊发文的研究机构合作关系网络图谱。图 2-5 中共有节点 N（即组织机构数）为 232 个，连线 E（即机构间的合作关系）为 342 条，合作网络的密度 Density 为 0.012 8。国际上科技社团相关研究机构间的合作关系要显著高于国内的情况，通过图 2-5 可以看出，国际上科技社团研究形成了以意大利国家研究会（CNR）为核心的合作网络，机构与机构之间的合作关系十分紧密，除圣保罗大学（University of Sao Paulo）为独立研究之外，各机构之间均有连线。美国大学以

哈佛大学、麻省理工学院、宾夕法尼亚大学和马里兰大学之间形成合作关系。而意大利国家研究会（CNR）与米兰大学作为欧洲重要的人才聚集地，与欧洲其他大学、科研机构之间形成了十分紧密的合作关系，合作关系网络错综复杂。由此体现出国际上科技社团研究注重机构之间的合作，倾向于通力完成相关研究，既保证对于科技工作者的充分利用，也能够博采众长，互相提供多方面的支持与帮助。相比之下，我国的科技社团研究主要机构为上级管理部门，作为事业单位的各类科协依旧带有政府官僚科层体制管理的色彩，因此注重完成纵向的上级布置的任务，而较为忽视横向的合作网络构建，在研究上也较少谈及与其他部门或科研机构的合作。而国外以科研机构研究为主，在探讨科学问题方面通过依托科技社团这样的沟通平台和网络得以加强，因此科学家之间的合作更加频繁和密切。

图 2-5　1990~2017 年国际期刊发文的研究机构合作关系网络图谱

三、空间分布与区域合作

国家（地区）对于科技社团的研究发文数量能够体现该国家（地区）对于此类话题的重视程度。对各个国家（地区）对科技社团进行研究的期刊发文数量进行统计排序，得到如表 2-7 所示的结果。表 2-7 展现的是排名前 30 位的国家（地区）。排名第 1 位的为美国，发文数量达到了 235 篇，远高于第 2 位西班牙的 90 篇，德国凭借 86 篇的发文数量居第 3 位。欧洲国家诸如西班牙、德国、意大利、英国、法国等排名均十分靠前，体现出欧洲地区对于科技社团研究的重视。巴西、加拿大等美洲国家同样表现不俗，均位列世界前 10 位。可以看出，在科技社团研究中，欧洲与美洲地区成为当前世界对科技社团研究最为重视的地区。而中国、印度、日本则成为国际上科技社团研究发文数量排名前 30 位的国家中仅有的 3 个来自亚洲的国家，亚洲对于科技社团的研究仍有巨大的发展空间。中国凭借 20 篇的发文数量位居排行榜第 11 位，成为亚洲地区排名最高的国家。非洲地区在科技社团方面的研究表现亟待加强，仅有南非凭借 7 篇的发文数量成为全球排名第 29 位的国家。地区对于科技社团的研究与其经济、技术、文化等各个方面的发展成正比，越发达的地区对于科技社团的研究则越加重视。

表 2-7　国际期刊中科技社团研究发文数量排名前 30 位的国家（地区）

序号	发文数量/篇	国家（地区）	序号	发文数量/篇	国家（地区）	序号	发文数量/篇	国家（地区）
1	235	美国（USA）	11	20	中国（China）	21	13	挪威（Norway）
2	90	西班牙（Spain）	12	20	澳大利亚（Australia）	22	13	俄罗斯（Russia）
3	86	德国（Germany）	13	17	瑞典（Sweden）	23	10	波兰（Poland）
4	81	意大利（Italy）	14	17	丹麦（Denmark）	24	10	苏格兰（Scotland）
5	62	英国（England）	15	16	比利时（Belgium）	25	9	希腊（Greece）
6	61	法国（France）	16	16	奥地利（Austria）	26	8	墨西哥（Mexico）
7	33	巴西（Brazil）	17	15	印度（India）	27	7	新西兰（New Zealand）
8	32	加拿大（Canada）	18	14	葡萄牙（Portugal）	28	7	古巴（Cuba）
9	30	荷兰（Netherlands）	19	14	芬兰（Finland）	29	7	南非（South Africa）
10	24	瑞士（Switzerland）	20	13	日本（Japan）	30	7	委内瑞拉（Venezuela）

同样地，我们对于国家（地区）之间的合作关系绘制出了国家（地区）合作关系网络图，如图 2-6 所示。图 2-6 中节点数 N（即国家/地区数）为 59 个，连线 E（即合作关系数）为 283 条，合作网络密度 Density 为 0.165 4，体现出了较高程度的合作关系网络。就国家（地区）合作关系网络来看，各国（地区）之间形成了以美国和欧洲国家，如西班牙、意大利、德国为核心的合作关系网络，各国（地区）之间的合作关系十分紧密，其中以欧洲各国间的合作关系为最多，地域因素与欧盟的联盟合作的存在，使得这样频繁的合作成为可能。而相对来说，地区之间的合作基于地理位置的影响，但又超越了地域限制，国家之间的合作关系实现了全球化的高水平合作。

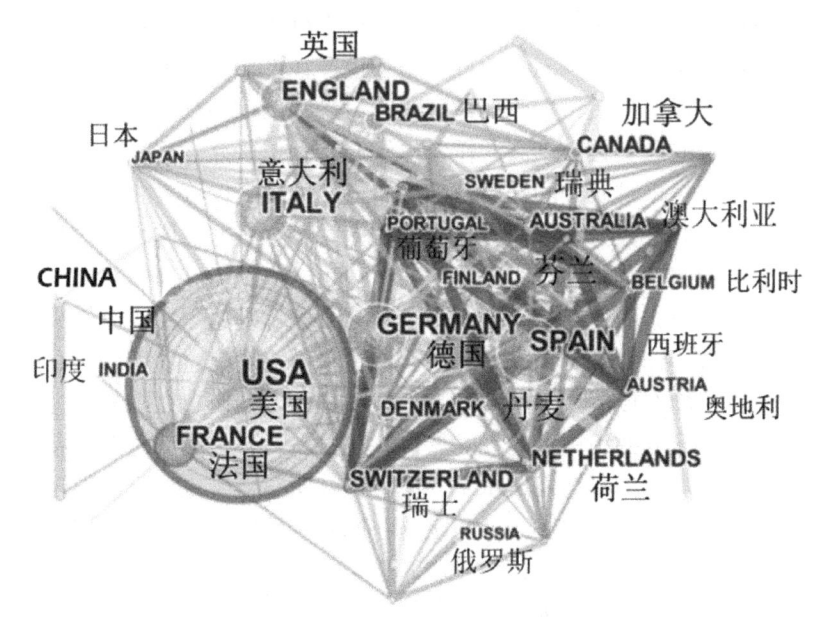

图 2-6　国家（地区）合作关系网络图

图中不同圆圈叠加起来的大小反映的是合作频率

第三节　国内外研究支撑体系比较

从研究载体与研究力量两大类别对科技社团研究支撑体系进行国际比较和分析，可以看出，国内外科技社团研究在各方面都存在着显著差异。

在研究载体方面，在学科分布上国内研究相对于国外研究学科数量及其交叉现象有限，期刊载文上，国内研究相较于国际期刊发布数量更为集中。国内科技社团的相关研究中体现出的学科交叉现象较少，研究多集中于"科学研究管理""行政学与行政研究方法""工业经济""社会研究方法"等少数学科，国内对于科技社团这一主题研究的载文主要集中在某些杂志上，如《学会》；国际上科技社团的研究学科交叉现象突出，研究涉及的学科多样且分散。相较之下国际期刊载文更加分散，能够有较多的期刊为科技社团研究提供适宜的载文平台。

在研究力量方面，国内科技社团专家学者所在机构与国际趋势有所不同，中国（不含港澳台地区）研究的作者、机构与地区的合作程度显著低于发达国家。国内科技社团研究的作者多来自科协系统，且作者间的合作十分有限，多数发文数量较高的作者均属于"单打独斗"，仅有少数作者存在较为固定的合作研究伙伴；

国内的科技社团研究机构绝大多数为中央和地方科协，仅有少数为高校机构，且机构间的联系合作同样较少，在地域分布上也存在不平衡的现象，东部地区对于科技社团的研究数量最大，中西部地区研究力量则仍存在巨大的发展空间。国际上科技社团研究的发文数量较高的作者更倾向于合作研究，这有助于学者之间互相学习、博采众长，且研究的作者及其所属机构则以高校等人才聚集地为主要研究力量，此外仅有少数为各类研究机构，如国家科学研究会作为主导与核心提供科研力量，机构间的合作关系十分密切。

从科技社团研究的地区分布来看，美国与欧洲等发达国家或地区成为研究的主力国家或地区，作者、机构和地区的合作关系网络均以这二者为核心向四周辐射。主要原因可能有以下几方面：一是科技社团的发展历史在欧洲较为悠久，提供了丰富且可供研究的历史经验和发展模式；二是科技社团的蓬勃发展一定程度上促进了欧洲与美国的科技发展水平，使科技社团获得了更加肥沃的土壤而成长壮大，两者形成互惠互利的关系；三是这些国家（地区）受益于早期科技发展水平的提高而带动了经济的繁荣，较早步入发达国家（地区）行列，社会文明程度和市场机制都日趋完善，作为非营利组织的科技社团也在这种条件下较快成长，形成了具有自身特点的内部治理与外部功能体系，从而得以吸引更多的研究和更快的发展。

第三章 科技社团研究的演进历程

第一节 国内外期刊总体载文数量

为了了解科技社团研究的历史演进特点，本书对期刊的年度载文情况进行分析。某一时间段内特定研究领域的载文数量可以反映该时间段内学术界对于该研究领域的关注程度，从时间发展角度来看，年度载文数量的变化趋势能够反映该研究领域的发展情况和成熟程度。图 3-1 为 1990~2016 年国内外期刊论文的年度载文情况，为清晰展示变化趋势，本书采用多项式拟合的方式添加发展趋势线。从图 3-1 中可以看出，国内外期刊论文均呈现明显的上升趋势，国外研究的增长趋势相对更加显著，同时国内外研究在数量上均呈现一定的波动性。

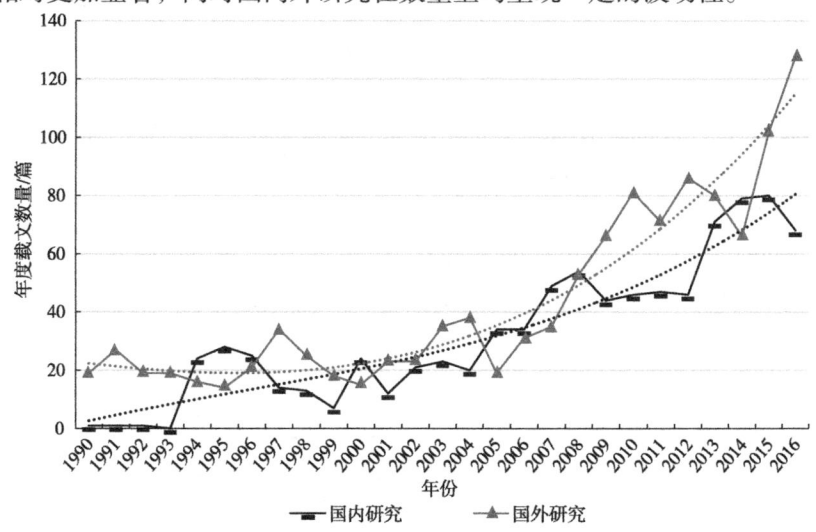

图 3-1　1990~2016 年国内外期刊论文的年度载文情况

虚线表示趋势线

一、国内期刊载文数量

对于国内研究而言，载文数量分布与国内科技社团实践发展密切相关。1990~1993 年，每年的研究仅有 1~2 篇相关论文刊出。在 1993 年之后，由于 1993 年全国科技会议和 1994 年党的十四届三中全会接连召开，会议均提出深化科技体制改革的政策导向，受到科技实践工作者的关注，各地方政府在科技立法和科技管理方面屡有突破，学术界也对此做出了一定的回应，1994~1996 年载文数量也跃增至 20 篇以上。然而，从 1997 年起，科技社团研究的热度开始减弱，年度载文数量逐渐回落，之后随着科协体系的不断发展及地方学会、行业学会等科技社团的逐渐增多，学者也开始对科技社团重新加以关注，因此年度载文情况相对平稳，在一定波动范围内逐步增长。2013 年底，党的十八届三中全会召开，提出了创新驱动发展战略，重新阐述了科技体制改革的相关概念，实践者和学者对科技体制改革有了新的解读，同时强调激发社会组织活力，加强公共管理中的社会力量，因此，科技社团研究的年度载文数量在 2014 年出现第二次跃升，超过 60 篇，并在之后保持一个较高水准。

二、国外期刊载文数量

国外研究相对于国内研究而言，年度载文数量更符合趋势线，分布的波动性较小。一方面，对于国外研究而言，由于管理体制的差异，国内科技社团需要拥有一定的行政许可，国外科技社团的概念则相对更加宽泛，在研究对象上涉及的范围更广。例如，英国皇家学会是一个独立的社团，不对政府任何部门负正式责任，不必经过政府批准，但它与政府的关系密切，政府为其经营的科学事业提供财政支持。另一方面，国外研究覆盖的地理范围更大，研究对象包含不同国家的科技社团，因而与国内易于受到国家政策导向的影响不同，国外科技社团研究受到政策方面的影响相对较小。国外期刊科技社团研究年度载文的趋势线同样呈现出明显的上升趋势，说明在国际学术界对于科技社团研究的关注逐年增多，同时相对于国内研究的趋势线其斜度更大，说明国外研究拥有更快的发展增速，在 2015 年首次超过年度载文数量 100 篇，反映了科技社团研究正逐步发展成为热点研究领域之一。

载文数量虽然能够反映一个研究领域的基本发展情况，但是无法对其研究内容进行有效展示，难以清晰地梳理研究领域的演进脉络，并予以清晰地展示，而添加了时间属性的关键词共词网络则能够有效地弥补载文数量的不足。在后续研究中，我们使用 CiteSpace 5.0 软件绘制了基于关键词的共词网络图谱，为了减少载文时间波动性的影响，以 3 年为一个阶段，即将 Years Per Slice（时间分区）设置为 3，按照 Top$N$ 为 30 的标准，同时为了避免软件绘制图谱中节点、标签的重叠现象，在保证整体网络形态不变的情况下进行有限的人工调整。在可视化图谱中，节点连线的粗细代表该节点与其他节点的关联度，节点在图谱中的位置和字体大小则是由词频高低和自身中心度值决定的[1]，特定关键词的节点和字体越大，则该关键词在研究领域中的影响越大。借助 CiteSpace 5.0 软件提供的 Timezone 功能，对科技社团研究整体演进历程进行可视化的描绘和展示，该功能能够在共词网络添加时间属性，将各个节点根据其首次出现的时间进行整体图谱布局，从关键词角度清晰地展现出文献的更新和相互影响，以此展示特定研究领域中各研究主题的继承和发展关系[2]。

第二节 国外研究演进历程

图 3-2 为国外科技社团研究演进历程图谱，从关键词的分布情况及共词关系看，研究发展具有较为明显的阶段性，根据研究内容的精细程度与涉及范围，其发展大体可以分为三个阶段：基础探索的早期阶段（1990~1999 年）、体系规范的发展阶段（1999~2008 年）及持续深化的成熟阶段（2008~2016 年）。在一般的共词网络图谱中，两个节点之间的连线能够反映其所代表的关键词之间存在共词关系，而在时间演进图谱中，由于时间属性的加入，后期节点与前期节点之间存在连线，表示节点所代表的后期关键词与前期关键词之间存在跨期共词现象，后阶段的研究与前阶段的研究有着较强的关联性，前者是后者进行分析的基础前提，后者是前者在研究中的深入发展。从图 3-2 中可以看出，三个阶段之间的联系拥有较为明显的递进引用关系，第二阶段研究以第一阶段研究为基础，第三阶段研究又在第二阶段研究的基础上开展，每个阶段的研究既是对上个阶段研究成果的继承和发展，也是对自身研究领域所涉及范围的扩展和深化。

第一个阶段为 2000 年以前，该阶段是研究的早期阶段，所出现的关键词较少，但是节点较大且与后期关键词连线较多，对于整个研究演进具有较大的影响。"science"（科学）和 "scientific society"（科学社团）两个关键词最早出现，前者反映科技社团的产生源是对科学技术发展的需求，科学家因为对于科学知识交流的需求而自愿形成科技社团，同时也反映出科技社团本质作用是推动科

---

[1] 陈悦, 陈超美, 刘则渊, 等. CiteSpace 知识图谱的方法论功能[J]. 科学学研究, 2015, (2): 242-253.
[2] 廖胜姣, 肖仙桃. 基于文献计量的共词分析研究进展[J]. 情报科学, 2008, (6): 855-859.

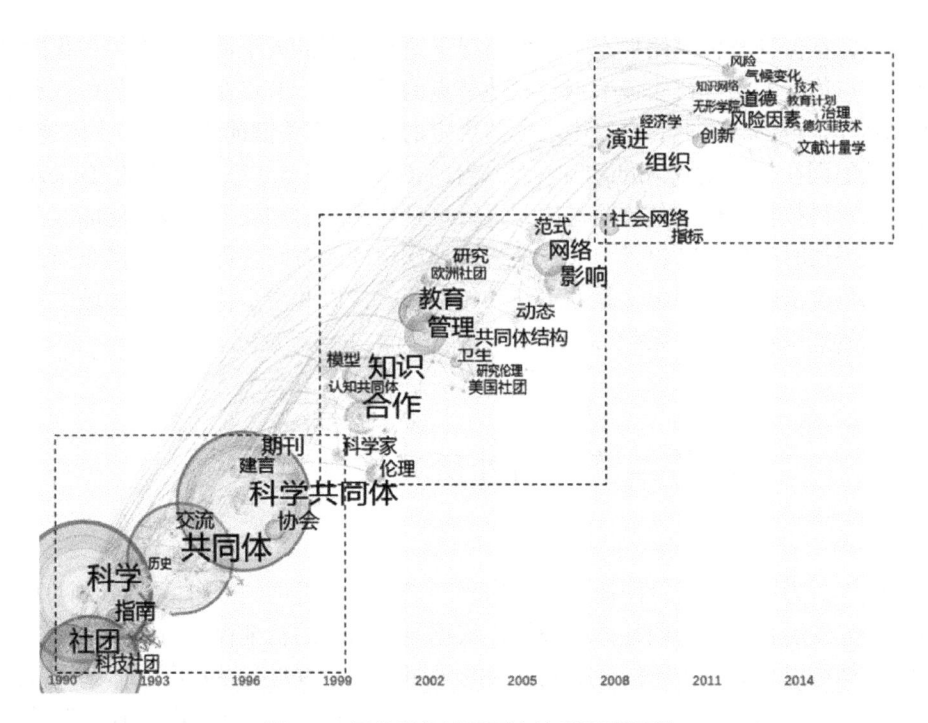

图 3-2　国外科技社团研究演进历程图谱

技进步[1]；后者是学者对科技社团自身组织形式的研究，科技社团作为一个社会团体，汇集科学界的精英，是促进科技进步的重要力量，其自身的发展程度和能力高低也是科技社团外部应用功能得以发挥的基础。之后，由于科技社团概念的扩展，出现了组织更加开放、形式更加自由的共同体，强调"communication"（沟通）的"scientific community"（科学共同体）发展为科技社团的一个重要存在形式[2]。而"recommendation"（建言）、"journal"（期刊）等关键词的出现，也反映出该阶段研究已经开始关注科技社团具体的外部价值作用，通过向政府决策者建言献策和通过学术期刊进行科学知识的扩散和传播成为科技社团的主要外部功能。科技社团的社会影响力和价值得以加强。

第二阶段为第一阶段后约 9 年时间，即 1999~2008 年。该阶段的研究部分继承了上一阶段的成果，关键词数量有所增加，研究内容更为细致。一方面，"knowledge"（知识）、"collaboration"（合作）等关键词继承发展了先前的研究成果，进一步探讨了科技社团的知识生产功能，并且基于科技社团内部成员间关

---

[1] Furman J L, Jensen K, Murray F. Governing knowledge in the scientific community: exploring the role of retractions in biomedicine[J]. Social Science Electronic Publishing, 2012, 41 (2): 276-290.

[2] Yurij C. When the data isn't there-disclosure: the scientific community (and society) at a crossroads[EB/OL]. https://jcom.sissa.it/sites/default/files/documents/jcom0302%282004%29F01.pdf, 2004.

系，从内部协调方式的角度，以科学家之间的合作关系作为解释科技社团促进知识生产流动的重要原因[1]；另一方面，研究也结合科技社团的实践发展，"management"（管理）、"community structure"（团体结构）、"network"（网络）、"dynamics"（动态）等关键词反映出在信息时代下科技社团组织形式的网络化发展趋势[2]，"教育"（education）、"影响"（impact）等关键词则是科技社团外部功能价值的现实表现。

第三阶段为第二阶段后至 2017 年，也就是 2009~2017 年。该阶段是在先前研究成果的基础上发展而来的，包含关键词的数量较多，并且这些关键词内容分散且细致，说明国外科技社团研究的对象限定更为具体，一定程度上也反映了国外科技社团实践更成熟。例如，"risk factor"（风险因素）、"governance"（治理）、"climate change"（气候变化）等关键词，反映其在科技社团外部功能方面研究的深入和细化，"bibliometrics"（文献计量学）、"social network"（社会网络）等关键词，则从研究技术手段和切入视角的方面，体现了在其内部组织关系研究方面的完善。

整体脉络图谱虽然能够清晰地展现研究领域在整个发展时间中的历程，但是由于图谱所能展示的内容有限，并且当节点数量较多时，继承与发展关系在图谱中的展示效果较为有限。因此，在后文中将按照前文的三个阶段对图谱进行细分，绘制每个阶段的研究知识图谱，分析科技社团研究在发展历程中的具体内容和研究重点的迁移。

一、早期阶段

图 3-3 为早期阶段国外科技社团研究关键词共词网络图谱。从图 3-3 整体来看，该阶段中的关键词数量比较有限，主要关键词有"science"（科学）、"society"（学会）、"scientific society"（科技学会）、"community"（团体）、"scientific community"（科技共同体）、"cancer"（癌症）、"history"（历史）、"journal"（期刊）等，从节点之间的连线看，各个关键词直接的相关关系较为明晰，整个研究领域之中的框架脉络较为清晰。在图 3-3 整个网络图谱中心位置的节点为"science"（科学），其他节点围绕在其周围，并且根据关键词之间的相互关系形成一定的节点子群，如以"scientific community"（科技共同体）、"journal"（期刊）、"psychology"（心理学）等关键词组成的子群，以"scientific society"（科技学会）、

---

[1] Hill N S. Collaborative science and the American thoracic society[J]. American Journal of Respiratory & Critical Care Medicine，2012，185（4）：347-349.

[2] Ronda-Pupo G A, Guerras-Martín L Á. Dynamics of the scientific community network within the strategic management field through the Strategic Management Journal, 1980-2009: the role of cooperation[J]. Scientometrics, 2010, 85（3）：821-848.

"guideline"（指南）、"history"（历史）、"society"（社团）等关键词形成的子群，对整个研究领域进行了划分。

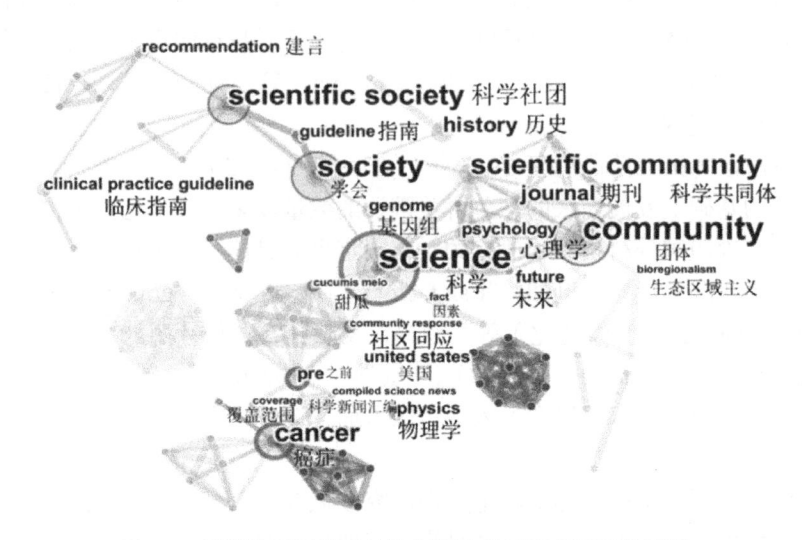

图 3-3 早期阶段国外科技社团研究关键词共词网络图谱

科技社团的形成在本源层面上是来自科技工作者对科学技术知识生产和扩散的需求，科技工作者之间以互动交流为形式促进新的知识产生及新的技术改革，因而，国外科技社团研究在早期阶段以"science"（科学）这一关键词为整个研究领域的中心。科技社团区别于科技工作者之间的日常沟通，在于其拥有一定的组织形式，在国外的情境之下拥有两种组织特点：与国内科技社团相似的"scientific society"（科技学会）及组织形式更为开放柔性的"scientific community"（科技共同体）。前者拥有详细的组织结构和正式的规章制度，组织形式相对稳定，更易于辨析；后者的组织形式相对松散和模糊，依靠软性约束维持组织团体，在组织结构方面更加开放和柔性。因此，围绕前者的研究偏向于组织形式的研究，从其内部规章制度角度展开分析，并且多数采用历史的研究方法；以后者为中心的研究则相对偏向于对其外部功能的介绍，从应用学科、主办期刊切入研究，对科技社团对科学技术知识生产的促进作用进行分析讨论。另外，由于科技社团的实践相对理论研究而言较为成熟和领先，因而，以"cancer"（癌症）、"physics"（物理学）、"united states"（美国）等关键词为主导的研究，从实践层面展开分析，对科技社团的相关问题进行探讨。

早期阶段的国外科技社团研究受到时间和技术的影响，在研究深入方面和广度方面相对较弱，但是其拥有较为明晰的研究框架，内部组织形式研究与外部价值功能研究的划分已经具有雏形，为后续研究奠定了扎实的基础。

二、发展阶段

图 3-4 为发展阶段国外科技社团研究关键词共词网络图谱，相较于上一阶段的共词网络图谱（图 3-3），该阶段图谱中的关键词更多。主要关键词中相同的有"scientific society"（科技学会）、"society"（学会）、"association"（协会）、"scientific community"（科技共同体）、"science"（科学）等，新出现的有"network"（网络）、"dynamics"（动态）、"education"（教育）、"model"（模型）、"journal"（期刊）等，研究内容更为丰富、详细。从节点之间的连线看，该阶段节点之间的连线更为复杂，虽然各节点子群依然能够较为清晰地被辨析，但是各子群之间的相互联系更多，图谱整体的脉络较为模糊，反映了从不同角度对科技社团展开研究的学者开始逐渐从全方位的视角分析科技社团的相关研究。从节点在网络图谱中的位置分布来看，"scientific society"（科技学会）、"scientific community"（科技共同体）占据了网络的两个核心位置，其他关键词围绕两者展开并向外部延拓，形成网络图谱的全貌，而早期阶段核心位置的"science"（科学）的地位则相对弱化，反映出该阶段研究更加聚焦于科技社团这一概念引起的相关议题，而非将研究的重点放置于科学技术知识的生产之上。

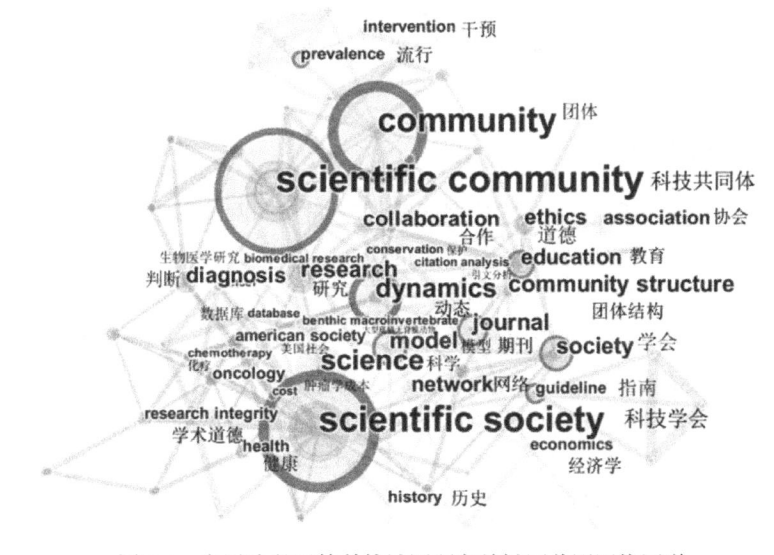

图 3-4　发展阶段国外科技社团研究关键词共词网络图谱

随着时代的发展进步，信息沟通手段丰富而价廉，信息沟通不畅的可能性降低，也导致科技社团在组织形式上的改变，学者开始意识到"scientific society"（科技学会）和"scientific community"（科技共同体）两种组织形式之间的差异正在逐渐减小，前者由于信息技术更新，成员沟通形式多样化，组织结构柔性和开放性增强，后者通过不断强化组织内部约束强度，向着规范化和制度化的方向发展。

因此，反映科技社团内部组织形式和外部价值功能探讨的若干关键词，均分散交叉地围绕在两个节点周围。从组织形式上看，由于信息技术发展，"network"（网络）这一关键词成为研究的重点，既指代基于互联网的信息技术基础，也反映信息发展导致科技社团成员之间关系的网络化发展趋势，这一关键词与"scientific society"（科技学会）主导的子群关系密切，反映出网络化趋势在正式组织形式研究中的影响，组织开放性逐渐成为研究重点。"scientific community"（科技共同体）形成的基础在于其成员之间的沟通合作，"collaboration"（合作）和"community structure"（团体结构）成为组织形式研究的重点关键词之一，并且与其主导的子群关系密切，反映出除了对成员内部合作关系的研究之外，在开放性、柔性组织中的内部结构问题也引起学者的关注。相对于内部组织形式，该阶段对于外部价值功能的研究则相对分散，如"research"（研究）、"research integrity"（学术道德）、"education"（教育）、"ethics"（道德）等关键词反映学者对科技社团促进学术进步、规范学术行为的作用，"health"（健康）、"economics"（经济学）、"oncology"（肿瘤学）则反映出对科技社团促进知识传播应用、指导现实实践的作用研究。

该阶段的研究在早期阶段的成果之上，进一步深化对于科技社团的研究，随着时代发展，研究视角、研究内容等方面均有一定的发展和延伸，进一步明晰了内部组织形式和外部价值功能的研究框架划分，并意识到两者之间存在相互关系，促使后续进行研究。

三、成熟阶段

图 3-5 为成熟阶段国外科技社团研究关键词共词网络图谱，相较于前两个阶段，该阶段在关键词数量和相互关系方面更加复杂，在整体结构方面，则是前两个阶段特点的综合。继承于发展阶段"scientific society"（科技学会）和"scientific community"（科技共同体）是图谱的两个核心阶段，"science"（科学）和"knowledge"（知识）成为次级核心，整个图谱之中的子群边界相较于发展阶段更加模糊，但各主题关键词之间的相互关系依然存在，反映了研究领域的深入化和复杂化。

随着知识经济时代的到来，科学技术知识在社会发展中的地位越发重要，在经历过发展阶段对科技社团自身的研究之后，学者回归对科技社团本质属性的讨论。以"science"（科学）和"knowledge"（知识）两个关键词主导的研究主题，反映了学术界对科技社团促进科学知识生产作用的再次思考，在研究回归对科技社团产生的根本原因的探索方面，"climate change"（气候变化）、"impact"（影响）、"risk factor"（风险因素）、"research"（研究）、"Europe"（欧洲）等关键词则是从不同具体的视角对科技社团的这一作用所展开的详细讨论。受到发展阶段的影响，学者已经意识到组织形式与价值功能之间存在相互关联，因此，对科技社团内部组织形式的研究依然是研究领域的重要构成，"scientific society"（科技学会）、

图 3-5　成熟阶段国外科技社团研究关键词共词网络图谱

"scientific community"（科技共同体）、"society"（学会）、"guideline"（指南）、"collaboration"（合作）等关键词是相关研究在网络图谱中的映射，而随着研究方法和分析手段的发展，新兴的研究技术也推动了内部组织形式研究的深入和细化，将原来困难的研究简易化，实现部分研究议题操作化的可能性，如"communication"（沟通）、"management"（管理）、"bibliometrics"（文献计量学）、"innovation"（创新）、"scientist"（科学家）等关键词代表的研究。

该阶段的研究是国外科技社团研究的前沿部分，在经历了早期阶段和发展阶段之后，相关研究内容已经相对成熟，研究框架和脉络体系也得到确立，该阶段的研究继承了发展阶段的相关成果，并且回归早期阶段的研究议题，在实践经验分析和学术理论研究方面都有了较为深入的发展，将该研究领域的发展推向一个高峰。

第三节　国内研究演进历程

图 3-6 为国内科技社团研究演进历程图谱，相对于国外研究具有界限较为清晰的发展阶段，国内研究脉络中只能划分早期研究与后期发展两个阶段。早期研究阶段内部的连线密集并且大部分节点之间的连线都由早期研究阶段中的节点引

出，而后期发展阶段内部的连线相对稀松，国内研究脉络中呈现的前后研究阶段之间的发展与继承关系更为明显和强烈。早期研究确定了研究领域的整体框架，并且对后期研究具有相当大的启发作用，为整体研究领域奠定了发展基础；后期研究在其基础上，将国家政策导向与实践状况进行有效整合，挖掘适应当时背景下的问题，进一步扩充研究领域。

一、早期研究

从演进历程整体上看，大部分关键词集中在2000年之前，并且这些关键词与之后研究发展中出现的关键词之间有较多的连线，说明后期发展研究与该阶段的研究有着较强的继承关系。"中国科协""科协系统"等关键词在早期研究阶段已出现，科协作为科技社团的组成部分和管理部门，作为科技社团研究核心力量和学者研究的主要对象之一，其对于国内科技社团研究起着重要的推进作用。在早期研究中，已经出现了如"学术交流""科技进步""社团法人"等关键词，学者开始关注科技社团的内部组织形式和知识生产功能，科技社团科学性、学术性和社会性统一的属性特质得以确定[1]。虽然该阶段的研究存在一定的局限性，但为国内的科技社团研究指明了大的方向，为后期的研究发展奠定了较为坚实的基础。

早期研究中对科技社团的性质及运行方式进行讨论，确定了相关研究中研究对象的基本界定[2]。该类研究主要集中在20世纪90年代中期。1993年发布的《中国科协四届三次全委会上的工作报告》，对科技社团的公益性和非营利性进行了阐述，确定了科技社团在学生交流、科学普及等公益事业，以及经营发展各种科技服务事业方面的职责，强调增强科技社团的团体自我发展能力。之后，学者开始探讨学会的性质定位和运行机制。罗远信提出，只有按照社会团体的方式进行管理运营，科技社团才能逐步摆脱行政化的倾向，真正实现科技工作者的主体地位，实现科协和学会的不可取代性[3]。丁忠言认为，当时的科技社团经费运行机制在改革开放后取得了一定的成效，但成果十分有限，其主要原因在于科技社团的产权不清晰、管理不规范、缺乏法律保障等[4]。肖兵以学会建设为分析对象，剖析

---

[1] 王兴成. 科技社团活动的时空分析——农科学会、医科学会、交叉科学学会活动的异同研究[J]. 世界科研究与发展, 1995, (6): 42-45; 吴汉东, 顾东林. 我国科技社团的法人地位及其财产权性质[J]. 法商研究（中南政法学院学报）, 1997, (4): 3-9; 沈爱民. 充分发挥科技社团体优势 为提高国家创新能力作贡献[J]. 学会, 1999, (11): 18-20.

[2] 杨书卷. 改革开放以来中国科技社团理论研究发展文献综述[C]//中国科协学会服务中心. 科技社团改革发展理论研讨会论文集, 2017.

[3] 罗远信. 体制转变时期科协与学会模式初探[J]. 学会, 1994, (12): 24-26.

[4] 丁忠言. 建立新型产权制度 大力发展社团经济[J]. 学会, 1995, (1): 35-37.

第三章　科技社团研究的演进历程

图3-6　国内科技社团研究演进历程图谱

了科技社团的发展状况,指出学会组织存在组织松散、基础脆弱、经费紧缺等现象,并且从行政管理制度、人事管理制度、内部激励制度等方面提出了改进建议[①]。沙踪认为,在学会改革过程中应当明确学会会员的主体地位,要真正体现民主办会的原则还需要所有会员的积极参与,并且学会需要拥有自身的"产品"以维系今后的发展[②]。除了科技社团自身的内部管理与发展之外,外部管理也是研究的一个重要内容。萧兵指出,加强社团管理的根本目的是把社会团体工作纳入更加规范化、法制化的管理轨道。科协无疑是一个重要的研究对象,其自身在作为科技社团之一的同时,还要协调和管理同为科技社团的学会组织[③]。于欣荣指出,科协是综合学科的全国性科学共同体,其设立目的在于协调全国各学科的学会组织和科技社团,推动整个国家科学技术的发展。随着时代发展,科协对学会的管理也适应形势发展,使科协成为学会的利益代表者和学会发展的有力促进者,持续增强对学会的凝聚力和号召力[④]。

在对科技社团的功能研究方面,也有不少学者深入探讨了学会工作的主要内容。赵世营等尝试性地建立了学会工作的评价指标体系,希望以此检验和提高学会工作质量,加强对学会的科学管理。该指标体系以整体性、导向性、可操作性、科学性为原则,设立了三级量化测量体系,其中一级指标包括学术活动与决策论证、咨询、建议,组织建设与学会管理,科普互动,科技培训,科技报刊五个大类[⑤]。该指标体系开创性地对学会工作进行了划分,确立了学会功能的大体框架,为后续研究奠定了良好的基础。

从功能上划分,科技社团的作用大体可分为三个重要组成部分。第一,科技社团的学术交流作用。徐渭认为,学术交流活动是学会生存发展的生命线,通过举办大型的系列学术年会、主办重大的国际会议、编辑高质量学报的方式,均能代表学会的地位与水平,也为学术界和科技人员所信赖[⑥]。杜娟指出,学术交流活动必须成为青年科技工作者展现自我的舞台,体现出对全体成员的凝聚力,通过学术会议促进学会的进一步发展并实现"以会养会"[⑦]。第二,科技社团的决策服务功能。于欣荣认为,学会与当代成功智囊机构有着相同的特点,如研究组织具有柔性与多样性、所涉及学科的综合性、研究工作的独立性和客观性等,因此学会应成为政府决策服务中的一支重要力量,在精心选择的重大的、亟待解决

---

① 肖兵. 关于学会强化制度多链自锁办会模式的建议[J]. 学会,1995,(1):29-31.
② 沙踪. 我国学会的改革,任重道远[J]. 学会,1996,(2):5-6.
③ 萧兵. 提高认识多方协调做好社团管理工作[J]. 科协论坛,1996,(12):42-44.
④ 于欣荣. 论科协对学会的有效管理[J]. 科协论坛,1996,(4):10-12.
⑤ 赵世营,许荣芳,陈茶平. 学会工作评价走向量化的有益实践[J]. 学会,1992,(Z1):74-75.
⑥ 徐渭. 坚持一个方向保持两个特色实现三力并举——十八年学会工作经验浅析[J]. 学会,1997,(4):19.
⑦ 杜娟. 提高学术交流活动质量开拓学会工作的新局面[J]. 学会,1997,(12):12-13.

的、学会力所能及的问题方面，形成兼具科学性、实用性、客观性的决策建议[1]。第三，科技社团的社会功能。王兴成和莫作钦指出，为了适应社会经济体制的变革，学会迫切需要调整其社会功能，不仅要继续发挥自身的学术功能和文化功能，直接推动科学技术进步，还要积极扩大经济和社会服务的功能，从而更有效地为经济建设和整个社会的现代化建设做出贡献[2]。

二、继承发展

2000年之后，科技社团的研究方向在早期研究的基础之上进一步拓展、融合了国家宏观政策与发展方向，开始重视实践导向的研究。"十五"计划首次提出要推进国家创新体系建设，建立服务功能社会化、网络化的科技中介服务体系。科技社团作为以科技工作者为主体组成的社会团体，本身就发挥着知识生产、应用及扩散的作用，因此，其自身组成和功能决定了其与国家创新体系之间密不可分的关系[3]。例如，邵新贵指出，科技创新活动的需求呼唤科技社团的诞生，其聚合功能为自主创新活动提供了坚实的队伍基础，服务功能则为自主创新提供了丰富的机遇和条件，参与功能还为会员直接表达其自主创新意愿提供了机会和路径，维权功能为学会的会员自主创新提供了创新环境，因此，科协系统及其所属学会本身具备的功能与自主创新活动之间有着天然密切的关系[4]。"十五"计划还提出要推进行政管理体制改革和机构改革，进一步改革和精简政府机构。随着社会主义市场经济体制的完善，科技社团与政府部门之间的关系也逐渐向着市场供需方面发展，而彼时政府机构改革和精简正好提供了良好的契机[5]。黄浩明等在对比了中外学会管理体制后，认为管理体制的改革是学会改革的关键点之一，我国科技社团与美国、德国、日本等国外科技社团相比，从社会法律地位、功能与设置标准到会员体制与管理等方面均存在着较大差距，学会发展应该推行"精品化""社会化""国家化"的战略政策，努力营造出有利于学会发展的制度环境，加快政府的部分职能向学会转移并由学会承接[6]。

"十一五"规划中首次提出建设创新型国家的发展战略，更加强调了国家创新体系的重要性，而科技社团作为其重要组成部分，应在战略实施中发挥重要作

---

[1] 于欣荣. 学会在决策服务中的地位和作用[J]. 学会, 1991, (5): 6-8.
[2] 王兴成, 莫作钦. 经济体制的转换与学会功能的调整[J]. 科协论坛, 1994, (6): 17-19.
[3] 王春法. 关于科技社团在国家创新体系中地位和作用的几点思考[J]. 科学学研究, 2012, (10): 1445-1448.
[4] 邵新贵. 从学会的功能看学会在促进自主创新中的作用[J]. 学会, 2006, (9): 40-44.
[5] 李玉明. 科技社团争取政府职能的几点思考[J]. 学会, 2002, (4): 4-5.
[6] 黄浩明, 石忠诚, 杨洪萍. 中外学会管理体制的比较研究[J]. 学会, 2007, (8): 20-28.

用①。纪德尚和孙远太指出，科技中介组织作为国家创新体系中的重要组成部分，在国家创新体系中主要发挥加快科技成果转化、优化科技资源配置、推动企业科技创新的作用②。王春法强调科技社团具有学术交流的功能、科技评价的功能及行为规范的功能，在国家创新体系中是推动科学技术发展的重要力量，是促进知识流动的基本力量，是创造良好创新文化的骨干力量，是推动政府体制改革、转变政府职能的重要力量，是推动公民社会成长和社会治理结构完善的主导力量，是维护科学技术合理使用的核心力量③。"十一五"规划中同时明确了机构改革目标，合理界定了政府职责范围，科技社团开始逐步承接政府职能转移④。

党的十七届二中全会进一步提出深化行政管理体制改革，指出应把不该由政府管理的事项转移出去，以便更好地发挥公民和社会组织在社会公共事务管理中的作用，更加强化了科技社团的社会管理功能。沈爱民对学会承接的政府职能转移内容进行了分析，指出学会的优势主要体现在法律资源、组织资源、专业资源、人力资源等方面，对于科技领域而言，政府所转移的职能分为三个部分，即科技评价、人才评价及科技奖励，具体而言可归纳为五个方面，即政府资助的科研项目评估、科技成果评价、技术标准和科研规范制定、科技人才评价、科技奖励⑤。陈建国对全面深化改革背景下政社关系与政府职能转移进行了研究，以一省一市的科技社团调查数据为例，分析了政府与科技社团的权利管理对科技社团承接政府职能转移的影响，研究发现，科技社团拥有政府批准的编制、发起者或现任党政群团领导兼职与政府拨款及承接政府职能转移项目数量之间，呈显著的正相关关系⑥。

到了党的十八届三中全会时期，全面深化改革的发展任务被再次强调，同时随着创新驱动发展战略的深入开展，科技社团因其兼具发展科学知识和社会管理的功能受到政府部门和社会的关注，而"发展战略""能力提升""创新发展"等关键词的出现都是科技社团实践发展在学术研究中的映射。隗斌贤认为，科技社团在推动全社会创新活动中发挥着四个方面的重要作用：一是依托高水平的学术交流，促进新知识生产和推进原始创新；二是利用科技社团的专业优势，汇集各学科专家权威，为创新方向提供科学预判；三是培育和促进创新文化，践行社会

---

① 赵勇，彭树堂，刘晓勘. 浅论科技社团在建设创新型国家中的功能作用——北京上海科技社团创新发展思路探讨[J]. 学会，2007，(8)：11-15.
② 纪德尚，孙远太. 自主创新战略与科技中介组织发展[J]. 学会，2007，(11)：3-7.
③ 王春法. 充分发挥科技社团在国家创新体系建设中的作用[J]. 学会，2008，(4)：17-19，31.
④ 金仲良. 努力提升科技社团自身能力建设积极主动承接政府职能转移[J]. 现代管理科学，2007，(4)：74-75.
⑤ 沈爱民. 贯彻落实党的十八大精神推动学会改革发展[J]. 学会，2013，(1)：5-7.
⑥ 陈建国. 政社关系与科技社团承接职能转移的差异——基于调查问卷的实证分析[J]. 中国行政管理，2015，(5)：38-43.

主义核心价值观,推动科技体制的完善;四是穿越组织边界,促进"政产学研"结合与协调创新[1]。陈希提出,中国科协将以提高学会能力为抓手,支持一批具有加强学术影响力和自主发展能力的示范性全国学会,培育一批具有国际影响力的优秀科技期刊,打造一批促进原始创新的学术交流精品,建设一批国际知名、国内一流的现代科技社团,支持学会承接政府转移的科技评价、人才评价、科技奖励、科技培训、继续教育等社会化职能,积极探索学会发挥国家创新体系重要组成部分作用的体制机制和有效途径[2]。张良和刘蓉从国家治理体系与治理能力现代化出发,为科技学会能力建设研究提供了新视角,基于组织功能理论、组织合法性理论、组织认同理论、复杂适应系统理论,探讨了科技学会能力形成的机制,提出了"功能—能力"的分析框架,从功能、边界、时序三个维度,构建了科技学会能力结构的动态螺旋模型,为科技学会能力建设提供了理论依据与测度标准[3]。赵红指出,会员是学会的构成单位,会员管理是学会能力提升的重点,做好学会会员服务工作,应该设立基于会员管理的专项支持,开展基于会员管理的专题学术交流活动,完善学会治理结构,提升会员主人翁意识和归属感,健全会员管理制度建设,创新会员服务活动,建立健全会员征集制度和会员评价制度,提升会员发展与会员服务能力[4]。

第四节 国内外研究演进比较

通过对国内外科技社团研究演进历程的对比分析发现,两者在分析情境和研究对象上的差异,具有截然不同的发展特点,这也在一定程度上导致了两者在研究内容和热点主题之间存在差异。从研究演进历程整体上看,国外研究起步较早,阶段更为复杂,研究内容覆盖面广,相对比较成熟;国内研究的发展阶段则更为简单,研究主题相对聚焦且清晰。

国外研究起步较早,早期阶段的研究都围绕着科学知识生产和扩散的主要功能进行,期望通过特定的组织形式为知识产生和广泛传播服务。一些基础深厚且发展进步较快的学科领域已认识到科技社团的重要作用,不断有专业人员加入对科技社团组织功能的讨论并在专业期刊发表论文,呼吁加强对科技社团的重视和

---

[1] 隗斌贤.科技社团推动全社会创新的作用与途径[J].今日科技,2012,(12):7-10.
[2] 陈希.认真学习贯彻全国科技创新大会精神在建设创新型国家的新征程中更加奋发有为[J].学会,2012,(8):24-26.
[3] 张良,刘蓉.治理能力现代化视角下科技学会能力模型构建研究[J].学会,2015,(11):5-12,20.
[4] 赵红.关于做好会员发展与会员服务工作的思考[J].科协论坛,2015,(11):25-27.

发挥其作用。伴随着全球化和信息技术的快速发展，各类组织之间的联系与合作日益频繁，并逐渐形成了纷繁复杂且相互重叠的组织网络，因此，发展阶段的研究越来越开始关注科技社团的动态化反应和网络化发展，体现了科技社团理论与实践发展的弹性和时代性。研究是理论与实践交互发展的结果，两者互相影响、互相促进，国外研究的成熟阶段更好地体现了这一观点。科技社团研究涉及的范围已不仅仅局限于科学发展，还将近年来全球国际社会都在关注的"创新""气候变化"等内容与科技社团研究联系起来，这些主题涉及更广泛的人类及社会的可持续发展，科技社团研究服务于全人类实践的脉络越发清晰，广泛存在于科技、文化、社会等各个领域。国外研究的三个阶段之间具有很强的继承和发展关系，前一阶段的研究成果会被应用在后一阶段的研究中。而在每个阶段之中，一方面，理论研究源于科技社团的现实实践，研究具有很强的现实背景；另一方面，理论研究成果也以适当的方式对现实实践进行指导，将知识落脚于社会生产实践。

国内研究的演进具有鲜明的政府参与性和实践导向性，科技社团的现实实践对于研究发展具有重要的影响。我国科技社团有很强的政府主导性，事实上，随着政府行政管理体制的深化，政府不再是公共管理中单一的治理主体，而是更多地扮演着"掌舵者"的角色，将部分社会管理和公共服务的职能转交给市场和社会力量来承担。政府通过运用决策、协调、监督与激励等手段，与多方合作联动，重新整合资源，以更有效地应对社会复杂性，提供公共服务。在研究初期即对科技社团的多个方面有所涉及，而随着国家政策和发展战略的出台，科技社团的社会地位和功能定位也发生改变，学者也结合以往研究成果中的相关领域，开展新的研究内容，并逐渐发展成为新的研究方向。

纵观国内外科技社团研究的演进历程，可总结特点如下。

一、科技社团研究的发展总体呈上升趋势，且增长幅度显著

科技社团研究的发展具有较为明显的阶段性，越来越多的学者发现原来的研究视角已经无法准确地描述和解释科技社团结构和过程的复杂性，因此，他们不断对研究视角和研究方法进行反思和创新，使科技社团的研究数量在近30年内大幅攀升，呈方兴未艾之势。

二、科技社团研究的发展离不开国家的制度背景

我国的科技社团研究随着社会经济体制的变革，以及国家治理体系的完善和发展，引发了一系列对科技社团功能性质、运行机制的讨论。尤其是"十五"规划、"十一五"规划之后，作为国家创新体系的重要组成部分，科技社团与创新驱动发展战略的实施及群团改革等管理实践联系紧密，研究数量增长更快，研究内

容更为丰富。

三、科技社团研究的目的已从服务于科技领域演进到服务于人类社会

从早期聚焦于科学知识生产和传播的科技社团组织功能研究，到近年来关注气候变化、可持续发展等主题，科技社团的研究目的已从单一地服务科技工作者拓展到服务全人类。一方面，网络信息技术的发展使知识的传播更为广泛快捷，原来困扰科技社团功能发挥的问题得到了较大程度的解决，使得科技社团可以更多地承担实现其他使命的任务；另一方面，多元化治理的格局为科技社团赋予了越来越多的社会职能，更重要的社会地位及更深入的社会参与为科技社团的研究融入更广泛的人类社会发展的格局中提供了发展动力和有效保障，促进科技社团研究的完整化、全面化，最终形成科技社团与社会的良性循环发展模式。

第四章　当代科技社团研究的主要领域

第一节　研究主题分析基础

研究主题是一个研究领域中研究重点内容的集中体现，一方面，同一研究领域内的文献互引关系水平反映出研究领域自身的体系化程度，高被引文献是该领域中被反复引证的内容，因而能够在一定程度上反映出该领域的研究主题；另一方面，关键词是一篇论文研究内容和核心观点的提取与淬炼，从研究领域内关键词出现的频次高低及关键词之间联系的紧密程度，能够提取出该研究领域内部的核心主题。基于高被引文献统计和高频关键词词频统计，本书在后续分析中将结合关键词共词网络，通过其所反映出的关键词之间的相互关系和联系紧密程度，对于国内外科技社团研究领域的热点内容进行对比分析。为了使关键词之间的关系更加明确，利用 CiteSpace 5.0 软件提供的 Cluster 功能，本书将绘制完成的共词网络进行重新布局，并使用聚类分析功能，将关键词共词网络划分为若干个不同灰度的类簇，具有相关关系的关键词会被划分至同一类簇，单个或多个类簇则构成研究领域中的热点主题。

一、高被引文献统计

高被引文献是一个研究领域中认可度较高并被反复多次论证的研究成果，因而在一定程度上能够反映该研究领域中的大致情况。国内研究被引数量前 20 位的期刊文献如表 4-1 所示，体现出国内科技社团研究的大致情况。从被引数量上看，最高被引数量为 48 次，与次高被引数量有较大的距离，其余被引数量分布较为平均，从 25 次依次降至 12 次，趋势平稳。从时间上看，高被引文献均出现在

2000年之后，多数集中在2005~2010年，与其研究演进过程基本吻合。该时间阶段中，一方面，如国家创新体系构建、政府职能转移等内容出现在国家政策和发展规划之中，从政策层面开始逐渐重视科技社团的发展；另一方面，早前的研究成果积累达到一定的数量，为该阶段研究奠定了良好的基础，伴随政策关注度的提升，其学术热度逐步升温。在载文期刊方面，大部分期刊为科技管理研究方面的期刊，大仅有约五分之一的期刊为CSSCI（Chinese Social Sciences Citation Index，中文社会科学引文索引）目录期刊，多数期刊的影响因子偏低，反映了当前我国科技社团研究的高水准、高质量的学术研究成果数量有限，该研究领域尚有较大的发展空间。在文献作者方面，约一半的论文为独作，作者之间的合作有限。大多数作者的归属单位为各级科协组织，并且多数担任一定的领导职务，仅有少数作者为科技工作者。作为组织管理者，该类专家或学者对于科技社团的境况与发展有着更加高瞻远瞩的见解，其了解也更加全面、直接、系统、深入，其研究成果对于其他学者对科技社团进行深入研究起到了指导作用，因而在该领域受到较多的肯定。与文献作者身份相对应，我国科技社团研究的高被引文献多数为实践层面的经验分析或者案例介绍，具有浓厚的实践导向性，对其学术层面上的概念内涵与作用外延的研究较为有限，并且内容相对分散，体系化程度较低。

表4-1 科技社团研究被引排名前20位的国内期刊文献

题目	作者	期刊	年份	被引数量/次
国外科技期刊的在线出版——基于对国际性出版商和知名科技社团网络平台的分析	程维红、任胜利、王应宽、方梅、路文如	《中国科技期刊研究》	2008	48
我国科技社团期刊发展机遇与策略	杨文志	《中国科技期刊研究》	2009	29
出路在何方：中国科协赴荷兰科技期刊考察团有感	石朝云、游苏宁、杨文志、张建国	《编辑学报》	2009	25
解析科技社团的发展历程	杨文志	《学会》	2005	24
英国科技社团在科学传播和科学教育中的作用及启示	万兴旺、赵乐、侯璟琼、王莹、姜福共	《学会》	2009	20
充分发挥科技社团在国家创新体系建设中的作用	王春法	《学会》	2008	20
欧美国家科技社团发展的机制与借鉴	张国玲、田旭	《科技管理研究》	2011	16
科技社团在国家创新体系中的功能及其建设	刘松年、李建忠、罗艳玲	《科技管理研究》	2008	16
科技社团主办科技期刊的出版体制改革问题探讨	张品纯、初迎霞、苏婧、韩振中	《中国科技期刊研究》	2011	15
努力提升科技社团自身能力建设 积极主动承接政府职能转移	金仲良	《现代管理科学》	2007	15
高校科协发展困境分析及对策研究	吴丹、曹桂华	《学会》	2009	14

续表

题目	作者	期刊	年份	被引数量/次
美、德及香港地区科技社团运行案例分析及其启示	黄琴、刘松年、张太玲、熊阳	《管理观察》	2008	14
信息化时代科技社团的学术交流	王晓舟	《学会》	2007	14
学术会议的兴起与发展	刘兴平	《科技导报》	2010	13
充分发挥学术共同体在完善学术评价体系方面的基础性作用	韩启德	《科技导报》	2009	13
科技社团承接政府职能转移的相关政策研究——以杭州市为例	龚勤、沈悦林、严晨安	《科技管理研究》	2012	12
第三部门参与：科技体制创新的多元化模式	李靖、高崴	《科学学研究》	2011	12
高校科协基层组织建设制约问题研究	彭涛、何国祥	《中国科技论坛》	2010	12
加强科学道德规范：建设创新型国家的基础工程	韩启德	《求是》	2008	12
我国科技非政府组织的决策参与问题探析	陈家昌	《科学学与科学技术管理》	2007	12

国外期刊中科技社团研究排名前15位的高被引文献如表4-2所示，相对于国内研究具有较大的差异。第一，从被引数量上看，国外研究与国内研究具有相似的分布形态，最高被引数量与次高被引数量之间具有明显的差距，其余数量由高到低分布较为平稳。但是，从绝对值上看，国外研究比国内研究有着明显的领先地位，最高被引数量达到168次，国内最高被引数量仅能与其第13名并齐。一方面，说明国外科技社团研究更为成熟，对于有关研究成果的重复论证较多，结果更为可信；另一方面，说明国外学术界相对国内而言对科技社团有着更多的关注。第二，从时间分布看，国外高被引文献分布的跨度较大，并且分散程度较大，与其研究演进历程具有理论与实践交互发展的特点相吻合。第三，从文献作者方面看，国外高被引文献仅有少数独立完成，多数为多个作者合作完成，并且作者数量较多，反映出其在学术合作的广度和深度方面都较国内研究程度更大。第四，从载文期刊上看，国外科技社团研究中高被引文献大多数期刊相对于国内研究而言整体层次较高，影响因子较大，但是从期刊所属领域而言，涉及医学、生物学、科学研究等领域，分布较为分散。第五，在研究内容上看，由于这些科技社团研究所依托的期刊差异较大，高被引文献的研究内容各有侧重，也反映出国外科技社团研究涉及的内容宽泛，但是相对于国内研究而言，国外科技社团研究能够覆盖科技社团的内部建设与外部发展的诸多方面，体系化程度较高。

表 4-2　科技社团研究被引排名前 15 位的国外期刊文献

题目	作者	期刊	年份	被引数量/次
Can reprint requests serve as a new form of international currency for scientific community	Garfield E	Current Contents	1977	168
The international tree-ring data bank: an enhanced global database serving the global scientific community	Grissinomayer, H D, Fritts H C	Holocene	1997	110
Ethnic scientific communities and international technology diffusion	Kerr W R	Review of Economics and Statistics	2008	110
Scientific communities or transepistemic arenas of research? A critique of quasi-economic models of science	Knorr-Cetina K D	Social Studies of Science	1982	107
Developing scientific communities in classrooms: a sociocognitive approach	Herrenkohl L R, Palincsar A S, Dewater L S, Kawasaki K	Journal of the Learning Sciences	1999	79
How the scientific community reacts to newly submitted preprints: article downloads, twitter mentions, and citations	Shuai X, Pepe A, Bollen J	PLoS One	2012	67
Stroke research priorities for the next decade—a representative view of the european scientific community	Meairs S, Wahlgren N, Dirnagl U, Lindvall O	Cerebrovascular Diseases	2006	63
The scientific community metaphor	Kornfeld W A, Hewitt C E	Systems Man and Cybernetics	1981	61
Marine phytoplankton temperature versus growth responses from polar to tropical waters—outcome of a scientific community-wide study	Boyd P W, Rynearson T A, Armstrong E A, Fu F X	PLoS One	2013	61
Editor's introduction—autonomy of inquiry: shaping the future of emerging scientific communities	Tsui A S	Management and Organization Review	2009	58
Toward a model of social influence that explains minority student integration into the scientific community	Estrada M, Woodcock A, Hernandez P R, Schultz P W	Journal of Educational Psychology	2011	53
Violent video games and the supreme court lessons for the scientific community in the wake of Brown v. Entertainment Merchants Association	Ferguson C J	American Psychologist	2013	50

续表

题目	作者	期刊	年份	被引数量/次
In cloud, can scientific communities benefit from the economies of scale?	Wang L, Zhan J F, Shi W S, Liang Y	Parallel and Distributed Systems	2012	50
Scientific community as audience: toward a rhetorical analysis of science	Overington M A	Philosophy and Rhetoric	1977	44
The role of student-advisor interactions in apprenticing undergraduate researchers into a scientific community of practice	Thiry H, Laursen S L	Journal of Science Education and Technology	2011	40

二、高频关键词统计

运用词频分析软件对以"科技社团"为主题的中外相关文献高频关键词及出现的词频进行统计分析,国内科技社团相关研究的论文中共包含有效关键词 2 173 个,词频为 6 623 次,平均每篇论文包含 7.64 个关键词,国外科技社团相关研究的论文中共包含有效关键词 3 996 个,词频为 6 268 次,平均每篇论文包含 5.47 个关键词。关键词是对一篇研究的高度凝练和总结,当一个研究领域中的若干关键词反复多次出现时,则其被称为高频关键词,其在一定程度上能够反映一个特定研究领域中所有研究文献拥有的公共研究内容,从各文献研究主题的共性出发反映一个研究领域的热点主题,表 4-3 展示了国内外研究词频排名前 20 位的高频关键词。

表 4-3 国内外研究词频排名前 20 位的高频关键词

排序	中文高频关键词	词频/次	排序	外文高频关键词	词频/次
1	科技社团	712	1	scientific community（-ies）（科技共同体）	96
2	科技工作者	268	2	science（科学）	88
3	中国科协	215	3	community（-ies）（共同体）	67
4	学术交流	129	4	scientific society（-ies）（科技学会）	64
5	省科协	95	5	knowledge（知识）	38
6	科技团体	83	6	management（管理）	30
7	科协系统	60	7	society（学会）	27
8	省级学会	54	8	collaboration（合作）	25
9	地方科协	45	9	education（教育）	23
10	科普工作	39	10	impact（影响）	23
11	国家创新体系	37	11	networks（网络）	21
12	市场经济体制	32	12	journals（期刊）	21
13	学会	32	13	guidelines（指南）	17
14	学术活动	32	14	ethics（道德）	17

续表

排序	中文高频关键词	词频/次	排序	外文高频关键词	词频/次
15	企业科协	30	15	patterns（模式）	16
16	科技奖励	29	16	evolution（演进）	15
17	科技评价	28	17	research（研究）	15
18	科技人才	27	18	scientists（科学家）	15
19	科技进步	25	19	recommendations（建言）	14
20	科技体制改革	25	20	dynamics（动态）	14

国内研究中，"科技社团"作为关键词共出现712次，"科技工作者""中国科协""学术交流"等关键词词频均超过了100次，均能反映出国内该研究领域的热点内容。根据聚类结果并结合我国现实，发现国内关于科技社团的研究大体可以分为两大类。第一类为以科协系统为中心的科技社团实践研究，关键词包括"科技社团"（712次）、"中国科协"（215次）、"学术交流"（129次）、"省科协"（95次）、"科协系统"（60次）、"省级学会"（54次）、"地方科协"（45次）等，通过词频可以看出，面向科协的研究占有较大比例。第二类为以科技社团作为国家创新体系组成部分及其在体制改革背景下承接政府职能的研究，该主题下的研究强调科技社团的科学性、学术性与社会性，强调其社会团体的本质属性，以深化改革为背景探讨科技社团与政府部门之间的关系，并且从国家创新体系建设角度展开论述。该主题下的主要关键词包括"科技工作者"（268次）、"科技团体"（83次）、"国家创新体系"（37次）、"科技奖励"（29次）、"企业科协"（30次）、"科技奖励"（29次）、"科技评价"（28次）、"科技人才"（27次）等。二者互补共同构成了当前国内科技社团研究的主要热点主题。

国外研究中，"scientific community"（科技共同体）、"community"（共同体）、"scientific society"（科技学会）的词频均超过50次，"science"（科学）、"knowledge"（知识）、"management"（管理）等的排名也较高，体现国外研究的重点方向。从高频词反映的研究内容来看，国外科技社团研究涉及的功能和范围更加广泛，从社团内部建设到外部社会影响均有涉及，而国内研究较多聚焦科技社团的上级管理体系和科技领域政府职责的发挥，带有较强的政府主导色彩。从时间上来看，国外科技社团的研究更加注重组织的长远发展，包含"evolution"（演进）、"dynamics"（动态）、"impact"（影响）等方面的研究较多，可以看出组织的发展是随着科技和经济社会的进步而不断进行调整的，从而使得科技社团的成长与社会的成长是同步的。而从国内研究的高频关键词来看，其较多聚焦于科技社团当前的改革和目标，未体现出对未来发展和影响的关注，研究视角不够宽广。

第二节　国外研究主题挖掘

关键词共词网络能够反映特定研究领域中各关键词之间的相互关系，根据网络分析的相关方法，共词网络图谱中每一个节点代表一个关键词，节点之间的连线表示两个关键词同时存在于同一个研究之中，即存在共词关系，节点的大小和位置与该节点在研究中出现的词频及与其他关键词的关联程度有关，连线的粗细由共词关系的强弱决定。

以 WOS 数据库中的科技社团相关研究为基础，使用 CiteSpace 5.0 软件进行关键词共词网络图谱的绘制，图 4-1 为国外科技社团研究关键词共词网络图谱。为了避免期刊载文数量在时间趋势上的波动性对图谱绘制的影响，本书研究中将 Years Per Slice 设置为 3，即每 3 年的文献作为一个阶段进行关键词的图谱绘制。

由于国外科技社团研究包含的关键词数量较多，为了能够更加清晰地对关键词的分布情况进行展示，本书研究中将 Top$N$ 设置为 30，即每个阶段中提取出现频次最高的前 30 个关键词。

从国外科技社团研究的关键词共词网络可以看出，国外研究围绕"science""science community""science society""knowledge"等关键词展开，相关关键词以若干主要关键词为中心围绕其周围。

为了更进一步地展示关键词之间的相关关系，本书研究中使用 CiteSpace 5.0 软件提供的聚类分析功能，将网络图谱中各个节点按照节点之间的相互关系划分为不同的类簇，并在图谱中使用不同灰度对各个类簇进行区别，每一个类簇由关系密切的若干关键词构成，这些关键词在整个共词网络中具有相近的关系，可以反映相关研究在研究内容上具有一定的相似性，能够被归为同一个研究主题。

聚类分析是以数据为基础的分析，在类簇划分中可能出现划分过于细致导致类簇数量过多的情况，因而在实际分析过程中，需要结合其他方面的分析结果，通过人工选择的方式，将过于细化的类簇重新整理形成较为合适的规模。将关键词共词网络图谱与高被引文献的提取辨析及文献关键词的统计结果相结合，经过分析归纳，国外科技社团研究可以被划分为内部组织形式研究和外部功能价值研究两部分。

图 4-1　国外科技社团研究关键词共词网络图谱

虚线表示关键词类簇的边界

一、科技社团的内部组织形式研究

科技社团在本质上属于社会团体的一种，组织的框架构建及动态运作是其存在和发展的基础前提。科技社团作为一种促进学科或者专业发展的开放组织，其自身的组织形式和运作机制成为学者关注的重要内容。在国外研究中，学者展开研究的视角不同，因而该研究方向能够被细化为两个方面。

第一个方面的研究被归纳为科技社团的规范建设研究，该方面研究的主要关键词包括"scientific society"（科技学会，64 次）、"society"（学会，27 次）、"guidelines"（指南，17 次）等。相关研究以静态的视角展开分析论证，从科技社团的组织构建及约束方式入手，以科技社团的现实实践案例为基础，对科技社团的形成过程及组织作用进行理论层面的探索，进而归纳总结科技社团的形成机理及发展演进过程。科技社团，尤其是国外的科技社团，其建立在自由平等的交流机制的基础之上，由科学家出于自我意愿、通过相互之间的互动交流而形成，在组织形式上具有开放性特点[1]。科技社团从其形成之初即强调组织成员的自愿性，对于组织成员缺乏强有力的干涉与约束，因此，由科技社团组成人员自发形成并成为组织

---

[1] 张国玲，田旭. 欧美国家科技社团发展的机制与借鉴[J]. 科技管理研究，2011，（4）：24-27.

成文或非成文制度的内部规范对于科技社团的组织形成而言非常重要,对于明确界定为组织的科技社团而言,需要通过规范指南、制度约束等方式对组织成员的活动意愿和行为路径进行约束,使科技社团符合组织特性,并根据社会发展和团体情况,适时地通过恰当方式对该类规范、制度进行调整和修改,使科技社团能够适应时代发展[1]。该方面的研究在国外科技社团研究发展的早期阶段较多,并且为其他方面的研究提供了良好的参考和借鉴,为研究领域的发展奠定了扎实的基础,但是相关研究在数量上较少,并且研究内容与研究方法较为一致,所能扩展的空间也比较有限。因此,科技社团的规范建设研究虽然作为一大研究主题,但是在整个研究领域范围内所占的份额较少,在网络图谱中所处的位置也相对更加边缘化。

第二个方面的研究被归纳为科技社团内部协调方式的研究,该方面研究的主要关键词包括"scientific community"(科技共同体,96次)、"community"(共同体,67次)、"management"(管理,30次)、"collaboration"(合作,25次)、"education"(教育,23次)、"networks"(网络,21次)、"scientists"(科学家,15次)、"dynamics"(动态,14次)等。相关研究多数从动态的视角出发,将科技社团视为一种社会关系的集合体,而非组织形式,以科技社团的基本构成单位(即科技工作者)为其主要研究对象,对科技社团中科技工作者之间的沟通互动和相互关系展开详细的分析和论述,进而对科技社团的内部协调过程与机制进行深入剖析,探究科技社团的内部运作机制。科技社团的出现和发展依托于科学家之间的学术交流和合作关系,即便在实现组织化及形成正式组织之后,交流和合作也是科技社团内部运作和组织管理的基本机制之一[2]。伴随着信息技术的发展,信息需求和供给飞速增长,互联网在信息沟通之间大范围使用,通信手段日益丰富、便捷且通信成本日益下降,各类社团组织结构随之发生变化,科技社团作为科技发展进步的第一梯队成员,其结构变化更是巨大,科学家之间沟通互动由过去相对的"小范围、单领域、时间短、次数少"向着"全球覆盖、跨越学科、随时随地、频繁互动"发展,科学家之间互动关系的网络化特征日益显著,科技社团开放性的特点被放大、加强,进而促使科技社团内部协调向着动态化和多元性的方向发展[3]。该方面的研究从国外科技社团研究发展之初即出现,伴随科技社团的规范建设研究而出现,经过长期发展,已经形成了相当数量的研究文献。在进入21世纪后,科学技术受到更多的关注,并且各类分析技术迭代更新,不断完善和成熟,推动该方

---

[1] Zigmond M J. Making ethical guidelines matter[J]. American Scientist, 2011, 99 (4): 296.

[2] Andrea C, Zenia S. Scientific community through grid-group analysis[J]. Social Science Information, 2014, 53 (1): 119-138.

[3] Kristjánsson B, Helms R, Brinkkemper S. Integration by communication: knowledge exchange in global outsourcing of product software development[J]. Expert Systems, 2014, 31 (3): 267-281.

面的研究高速发展，尤其在近些年发展中，由于社会网络、知识共享等概念逐渐被广泛接受，更将相关研究数量提升至一个高峰水平。

以英国皇家学会为例，可以看出国外科技社团在长期的发展过程中是如何进行内部组织管理演进的。作为英国最具名望的科学共同体，英国皇家学会拥有1400余名院士及外籍成员。其院士均是来自英国及英联邦国家的著名科学家、工程师及科技人员，其成员具有尖端的科学知识，代表着国家的最高水平。经过长期发展，英国皇家学会已成为一个独立的、享有慈善机构特权、自治的社团。能够独立制定自己的章程和任命自己的会员而无须取得任何形式的政府批准。即便如此，它与政府的关系依旧密切，体现在政府每年为英国皇家学会经营的科学事业提供财政拨款资助。虽然英国皇家学会没有成立自己的科研实体，但其在科学领域承担着大量重要的工作，包括确认并奖励优秀的科学学识与研究、促进国际科学交流、组织推动科学教育及科学普及、制定撰写科学史等任务。

英国皇家学会经历了孕育、诞生、发展转型三个时期，组织管理模式也在不断完善和发展。在前期孕育时期，英国皇家学会只是一个包括12名科学家的小团体，也就是著名的"无形学院"。这一团体会在许多地方聚会，地点包括科学家自己的住所，也包括研究所在的格雷沙姆学院。聚会并没有任何成文的规定约束，目的只是单纯地集合起来，一起探讨科学实验及其研究发现，也会探讨弗兰西斯·培根在《新亚特兰提斯》中所提出的新科学问题。随着时间和规模的变化，该团体在1638年因地域差别和旅行距离分裂成两个群体：伦敦学会与牛津学会。由于居住在牛津的学院人士居多，牛津学会相比而言更加活跃，后期还成立了"牛津哲学学会"并制定了一些规则。

直到1660年查理二世复辟，伦敦重新成为英国科学活动的中心。同时，该时期英国国内对科学感兴趣的人也大幅增加，呼吁成立一个更加正式的科学机构。直至1660年11月，在格雷沙姆学院的克里斯托弗·雷恩的一次讲课后，伦敦的科学家召集会议正式提出要成立一个促进物理和数学实验知识的学院。在该次会议上，约翰·威尔金斯被推选为该组织的首任主席，同时列出了"被认为愿意并适合参加此计划"的41人名单。之后，罗伯特·莫雷带来了国王同意成立该学院的口谕，莫雷就被推为这个学院的"院长"。两年后查理二世在许可证上盖章，正式批准成立"以促进自然知识为宗旨的皇家学会"，英国皇家学会自此诞生，学会的会员在1660年创立时为100人左右。英国皇家学会的院士由选举产生，但是选举规则不清晰导致大部分院士并非专业科学家。

1731年英国皇家学会改变了选举议程，要求所有院士候选人都必须有书面推荐及支持者的签名。1847年，英国皇家学会决定未来院士的获选提名必须取决于他们的科学成就。该决定让英国皇家学会进入了发展转型时期，英国皇家学会从一个"集会"直接转变为实质上的科学家学会。1850年，国会第一次投票同意给英国皇家学会拨款,英国政府给英国皇家学会拨付了1 000英镑的资助,用以帮助科学家进行科学研究和添置实验器材,这一做法开启了政府资助学会的制度,学会与政府的关系也由此建立。到了1876年,拨款数额升至5 000英镑。如今,英国皇家学会每年所获得资助额可达4 200万英镑,其中政府拨款数额已达到2 500万英镑,占英国皇家学会年度开支的79%。剩余的21%来自英国皇家学会的投资、遗产及个人的捐赠、出版物收入、工业界的研究合同收入等多种渠道。为筹集更多款项,英国皇家学会发起了"科学工程"活动,其目标就是每年能够筹集200万~300万英镑的额外款项,从而使英国皇家学会能够扩大其独立活动的范围。英国皇家学会并没有自己的科研实体,主要通过指定研究项目、资助研究、制订研究计划、会员与工业界联系及开展研讨会等方式,实现其科学研究、咨询等职能[①]。

内部治理上,英国皇家学会的事务主要由理事会负责处理。理事会包括21名成员,其中5位学会领导相当于副会长理事会成员,对英国皇家学会的某些使命负有法律责任,理事会成员通过年会选举产生,每年要改选其中的10名理事会成员。除5位学会领导外,任何人均不得连续任职两年以上,学会会长及外事秘书的任期则不得超过5年。英国皇家学会的会员候选人必须由6名以上的责任会员提名和推荐。英国皇家学会每年于11月30日召开学会年会,每年3月第3个星期三召开选举年会,在选举年会上,根据章程每年提名的外籍会员人数不超过4人[②]。

由此可见,科技社团的内部治理结构只有在随着时代的发展日益完善的情况下,才有可能对科学的进步和社会的发展做出更大贡献。而其内部治理结构所包含的内容也对复杂性和功能性提出了更高的挑战,除了对人、财、物等有形资源的获取与管理之外,对价值导向、规章制度、外部关系、社会影响等无形资产方面也有新的要求。因此,这就导致科技社团的内部组织管理研究内容日趋丰富,与外部实践价值研究相辅相成。

二、科技社团的外部实践价值研究

科技社团作为汇聚科学界精英的组织,是推动科学进步、技术变革的关键力量,其外部实践价值自然受到学者关注,具体而言其外部实践价值可以分为两类。

1. 知识生产价值

该类研究的主要关键词包括"knowledge"(知识,38次)、"journals"(期刊,21次)、"association"(协会,13次)、"knowledge network"(知识网络,11次)

[①] History of the Royal Society, https://royalsociety.org/about-us/history/.
[②] 英国科技专栏之机构——英国皇家学会[EB/OL]. http://news.163.com/07/0627/15/3I0KESHL00012AMI.html, 2007-06-27.

等。该类研究从科技社团自身存在的意义出发,采用定性研究、网络分析等技术手段,对科技社团成员之间的交流合作成果情况进行分析讨论,进而探讨科技社团对于促进科学技术知识生产的作用效果和机理机制。科技社团在早期的雏形是科技工作者之间处于共同学术追求或寻求知识交流而出现的"无形学院",其存在的目的是通过以学术合作或交流为形式的科学知识流动,促进知识生产、利用和扩散的水平和速度,其依托的基础是科技社团的组成基本单位,即科学工作者之间交流和合作的学术网络,关键在于打破学科差异或信息阻碍产生的知识壁垒[①]。

科技社团成员之间的合作往往能够从其合作发表的期刊论文中得到体现,这些论文既能够反映新的科学技术知识被生产且得到传播,又能够反映不同科技工作者之间在知识共享方面的情况[②],而科技社团在其中承担着双重角色,一方面,科技社团能够为科学工作者提供交流的平台,为其合作互动提供机会;另一方面,科技社团也能够作为期刊的创办者,为以期刊论文为主要形式的合作成果提供合适的载体。

科技社团存在的意义就是为了拓展知识生产的深度广度,加快知识生产与流动的速度,因而该类研究在科技社团研究早期阶段就已出现,但是受限于分析技术手段的不足,长期以来数量较少。近年来,由于社会网络分析等现代分析技术手段的兴起,该类研究数量呈现快速增长趋势,并且形成了以网络分析为基础的定量分析态势。同时,由于分析技术手段的相似性,该类研究与科技社团内部协调方式研究之间存在一定的重合。

2. 实践应用价值

该类研究的主要关键词包括"science"(科学,88 次)、"research"(研究,15 次)、"recommendations"(建言,14 次)等。该类研究从科技社团对知识传播和应用价值的作用入手展开论述,以案例分析为主要分析途径,通过对科技社团将科学技术知识向实践应用层面引入过程和机制的详尽剖析,阐述科技社团在实践应用方面的价值和作用。科技社团除了将科学知识用于新知识生产外,还将科学知识用于指导现实生产实践,尤其是在医学、药学研究领域,由于其理论和实践的密切关系,科技社团扮演着将理论研究成果引入现实生产实践中的角色。在国外科技社团整体研究中,该类研究虽然从早期发展阶段到现阶段均有出现,整体数量较多,但是该类研究结论在学界存在一定的共识,因此单纯地以实践应用价值为讨论主题的文献十分有限,多数研究均将其作为研究内容的一个组成部分,

---

① 张思光,缪航,曾家焱. 知识生产新模式下科技社团评价的功能研究[J]. 管理评论,2013,25(11):115-122.
② Volpentesta A P, Felicetti A M. Competence mapping through analysing research papers of a scientific community[J]. Ifip Advances in Information & Communication Technology, 2011, 349: 33-44.

或是所分析案例的一个重要信息，而非研究问题中的重点内容。

以世界上最大的科技社团——美国科学促进会为例，对其研究可充分体现上述国外科技社团的外部实践价值导向。美国科学促进会成立于1848年，是世界上最大的科学和工程学协会的联合体，也是最大的非营利性国际科技组织。截至2018年，美国科学促进会拥有265个分支机构和1 000万名成员，有21个专业分会，涉及的学科包含数学、物理、化学、天文、地理、生物等自然科学和社会科学领域。美国科学促进会的宗旨是"促进科学，服务社会"，具体而言，就是促进全球范围内的科学、工程和创新的发展以造福人类（advancing science, engineering and innovation throughout the world for the benefit of all people）。作为一个向所有公众开放的组织，一年一度的美国科学促进会年会是科学界的重要盛会，尤其近年来每次年会的规模都极其庞大，吸引了数千名科学家和上千名科学记者参加。美国科学促进会除了组织其成员的活动，还出版了很多知名学术刊物、科学快报及图书，为提高全球范围的科学素养还开展了一系列的研究项目。例如，其出版的《科学》杂志，是世界上经同行评议的综合类科学杂志中发行量最大的期刊，读者逾百万人。

美国科学促进会主要关注8个领域：倡导科学证据的决策，STEM（science, technology, engineering, mathematics, 科学、技术、工程、数学）的职业化发展，联邦科学预算分析，人权、法律与伦理，公共参与，科学外交，科学教育，形成科学政策[1]。其中"倡导科学证据的决策"是当前最受重视的方面。作为一个具有影响力的重要的社会团体和社会力量，美国科学共同体在历史上许多时候会坚持国民的利益和科学界的价值观，而反对联邦政府的政策和决策。例如，2017年4月22日，数千名美国科学家在华盛顿冒雨举行了"为科学的游行"（march for science），当天还有全球600多个城市的100万名科学家和社会活动人士为了共同目的走上街头。美国科学促进会首席执行官小拉什·霍尔特（Rush Holt）是著名的火箭科学家，也是前众议院议员，他身穿印有"我是支持科学的力量"的T恤衫并发表演讲。他在演讲中表示，"科学事业能得到蓬勃发展，是因为有一个好的环境，以及欢迎不同的群体、鼓励不同的观点、支持合作，并享受强有力的公共资助。但是，这些条件今天受到了威胁。我们必须保护它们"。霍尔特称科学并不能取代个人信仰、人文研究或诗歌，但在所有的公共事务中，决策都应该基于证据，而不是痴心妄想或僵化的意识形态[2]。这次游行之后，科学家在公共领域，特别是决策过程中的重要作用及扮演的角色受到更多重视。美国科学促进会在"倡导科学证据的决策"和"科学资助"两个方面开展影响政府的活动。一方面，美

---

[1] Focus areas, https://www.aaas.org/focus-areas.

[2] https://www.forceforscience.org/march-for-science/.

国科学促进会通过董事会发表声明表明立场,还通过给国会和其他公共机构写信、在报纸发表社论、接受媒体采访的方式表明观点和态度,并通过召开研讨会和活动来汇集科学家、决策者和公众进行交流。另一方面,美国科学促进会鼓励科学家在国会辩论2018财年预算期间给自己所在地区的议员写信,说明开展科学的重要性,并在美国科学促进会下属的公共参与科学技术中心开展各种宣传活动。

美国科学促进会开展的活动主要分布在各类项目中,主要包括以下内容。

一是科学政策项目。在科学政策项目下有关建制及开展的活动有:①科技与国会中心,该中心成立于1994年7月,目的是就当时的科技问题为国会提供及时而客观的信息,同时帮助科学与工程学界理解国会的工作并学习如何做国会的工作;②关于科学、道德与宗教的对话;③研发预算分析,美国科学促进会每年都会就联邦研发预算做出详细分析,并向社会公布其分析结果;④对科学家和工程师的资助,其宗旨在于建立并扶植政府政策决策者与科学家之间的关系,通过科学知识的传播来改进公共政策的制定,从而使那些对国家和全球有益的公共政策得以形成与执行。

二是科学自由、责任与法律。主要开展与科学研究、科技进步领域相关的道德、法律及社会问题的研究;研究竞争力;科学与人权的研究;等等。

三是科技与安全政策中心。该中心的活动旨在鼓励科学与公共政策的结合,以促进国内与国际社会的安全。

四是国际项目。该项目包含的内容较多,主要领域有:①可持续发展,通过成立科学、创新和可持续发展中心,开展国际上的科学合作、能力建设与科研队伍的培养,从而促进可持续发展;②国际项目联合体,旨在形成一个广泛而多学科的科学与工程学会的网络或联合体;③女科学家的合作,国际女科学家合作项目由美国科学促进会与国家科学基金会共同发起,目的是增加女科学家对国际科学项目的参与。该项目鼓励美国的女科学家与世界各国的同事共同设计新的科学合作内容,提出完整的项目建议并向国家科学基金会申请资助。

五是教育和人力资源。美国科学促进会主要通过发行科学出版物来推进公众对科学的认知和理解,特别是《科学》杂志带动了不同领域的科学教育,该刊物不仅影响了美国,而且对全世界都有影响。此外,其他推进公众理解科学的非常重要的方式还有举办学术会议和传播科技最新动态。针对青少年,美国科学促进会也会有针对性地鼓励他们进行科学研究,尤其是将基础科学研究作为未来从事的事业[①]。

2018年美国科学促进会年会的主题是"促进科学:发现到应用"(Advancing Science: Discovery to Application),目标是探索基础研究和应用研究之间互动的

---

① https://www.aaas.org/.

新途径。年会的组织内容为我们进一步理解美国科技社团发展的走向提供了一个新的视角[①]。美国科学促进会主席 Susan Hockfield 在《科学》杂志上专门为该次年会撰文，强调了机构在培育科学事业中的关键作用，指出"科学的成功不单是'我的'或'你的'，而是'我们的'，我们共同的责任是捍卫能使科学成功发展的机构"[②]。同时，她还在年会的演讲中以"生物学和工程学是下一次科学创造性的融合"为题，突出强调了学科交叉融合的革命性突破和意义，并指出 21 世纪我们面临的挑战——医疗保健、可持续的能源、充分和安全的食物和水，需要汇聚科学与社会各方面的力量共同应对。2019 年，美国科学促进会年会的主题是"科学超越边界"（Science Transcending Boundaries），继续探讨促进不同学科的交叉、促进科学与社会的互动，推进科学的发展，解决人类面临的宏大挑战[③]。由此可见，在追寻跨学科融合推动科学发展的进程中，科技社团将发挥越来越重要的作用。

第三节　国内研究主题挖掘

按照国外科技社团研究的绘制方式，对国内研究的关键词共词网络谱图进行绘制，同样地，为了避免期刊载文发布的波动性及保证共词网络图谱的清晰程度，将 Years Per Slice 和 TopN 分别设置为 3 和 30，其网络图谱结果如图 4-2 所示，虚线框表示关键词类簇的边界。结合高频关键词和高被引文献的统计结果，国内科技社团研究可以划分为两大组成部分，第一部分以科技社团内部视角切入研究，对其内部管理相关问题进行深入的阐述和探讨，第二部分以科技社团外部视角展开论述，对其外部功能的价值取向和实践状况进行分析。

一、科技社团内部管理的研究热点分析

如前文所述，科学技术协会简称"科协"，是科学技术工作者的群众组织。它是中国共产党领导下的人民团体，是代表科技工作者的群众组织，是党和政府联系科学技术工作者的桥梁和纽带，是国家推动科学技术事业发展的重要力量[④]。经过

---

① 樊春良. 美国科技政策的热点和走向——基于美国科学促进会 2018 年会的观察[J]. 全球科技经济瞭望，2018，(2)：11-15.

② Hockfield S. Our science, our society[J]. Science, 2018, 359 (6375): 499.

③ Ham B. Biology and engineering are the next creative science convergence[EB/OL]. https://www.aaas.org/news/biology-and-engineering-are-next-creative-science-convergence，2018-02-15.

④ 高海望. 科协的本质属性及其根本任务[J]. 科协论坛，1997，(1)：9-10.

第四章　当代科技社团研究的主要领域　　　　　　　　　　　　·73·

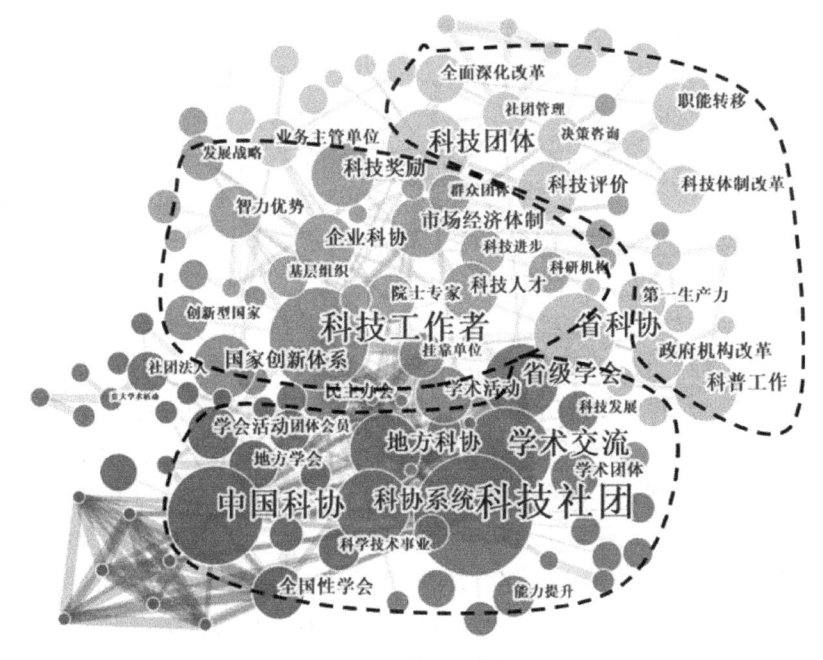

图 4-2　国内科技社团研究关键词共词网络图谱

几十年的发展，科协已经成为多层级、全覆盖的组织系统，作为科技社团研究的核心力量，众多研究以科协为切入点展开，而其自身的双重特性，也使得研究内容更为丰富。科协由各个自然科学协会组成，自身作为科技社团的属性毋庸置疑，是科学性、学术性和社会性的统一。一方面，科协的发展历程与学术团体和科技团体密不可分，科学性和学术性是其根本特征；另一方面，科协本质上作为人民团体、社会团体、群众团体，社会性是其无法剥离的特性[①]。同时，科协也是科技社团的业务主管单位，承接政府部门的部分监管职能，为科技社团提供政府对接、资源整合、平台建设等服务，保证科技社团规范运行和提升发展[②]。从我国科技社团研究热点的聚类情况来看，近年来科技社团内部管理方面研究热点主要集中在以下两方面。

1. 加强内部组织建设，助推科协系统改革

党的十八大报告强调，"要把制度建设摆在突出位置，充分发挥我国社会主义政治制度优越性，积极借鉴人类政治文明有益成果，绝不照搬西方政治制度模式"，以中国科协为主导的科协系统中各机构对于自身内部组织的建设与完善成为当前

---

① 李森. 正确认识中国科协的功能定位[J]. 科协论坛，2014，(3)：39-43；林鸿燕，李梅，黄竞跃. 科协与学会关系探析[J]. 学会，2015，(7)：35-41.

② 张学东. 科技社团发展的要素分析[J]. 科协论坛，2010，(6)：20-21；黄涛珍，杨冬生. 科技社团承接政府转移职能的路径研究——以江苏省为例[J]. 南京政治学院学报，2015，(4)：38-41.

科协相关研究的重点内容。

学者以现实为依据，通过回顾科协发展历程与经验总结，对科协实际发展情况的多方面进行纵向对比，以及与国外、先进地区等进行横向对比，旨在发现当前科协制度中存在的缺陷与不足，从而提出相应的优化与解决方案，完善科协制度，加强内部组织建设，更好地推动科协系统改革的完成。主要内容涉及对人才的挖掘与培养、对学会的监管与考核、对科技决策与咨询制度的健全等。在制度完善过程中，《中国科学技术协会章程》是制度体系建设的主要依据。该章程是科协制度体系的高度凝练，是科协一贯倡导的基本价值理念、基本经验、基本理论的集成，它处在科协制度体系建设的核心位置[①]。

首先，通过对科协发展历程及历史经验的回顾，相关研究反思和总结制度的缺陷，在人才的吸引、招纳方面提出具体要求，希望通过健全人才的培养、挖掘、引进方面的政策制度，实现对于专业人才的吸引、聚拢，如通过开办学术交流活动吸引专家来访、制定政策引进专家与创新团队等。其次，科协作为众多科技社团的管理与组织者，为了促进学会等组织规范化、制度化建设，加强对学会工作的指导，促进学会健康有序地快速发展，采取考核评比与奖励、定期组织学会间经验交流与情况通报、考核与指导工作相结合等新方法，从而增强学会凝聚力，实现学术交流共同进步的目的[②]。最后，推动科技咨询制度的健全，通过科技思想库等一系列建设，使科协组织真正成为政府的参谋助手和引领自然科学各学科建设发展方向的组织，这也是当前研究的热点内容。

2. 提升科协服务能力，承接政府转移职能

中国科协第八次全国代表大会明确提出中国科协的四项工作职能：一是科技工作者的群众组织，二是党领导下的人民团体，三是党和政府联系广大科技工作者的桥梁和纽带，四是推动国家科技事业发展的重要力量。

2015年2月，中共中央出台了《关于加强和改进党的群团工作的意见》，明确提出必须坚持党对群团工作的统一领导，坚持发挥桥梁纽带作用，坚持围绕中心、服务大局，坚持与时俱进、改革创新，坚持依法依章程独立自主开展工作，确保群团工作始终与党和国家事业同步前进[③]。各界学者积极响应党和中央的号召，对于科协在服务国家、服务学会、服务大众三个方面的职能进行了热烈讨论与科学规划。科协组织应该在党的领导下，围绕广大科技工作者的需求，整合各方资源，全方位、多层次、高质量地把服务广大科技工作者落实到科协的各项工

---

① 胡祥明. 科协治理体系与制度建设探讨[J]. 科协论坛, 2015, (3): 41-45.
② 张喜平. 探寻切入点谋求新发展[J]. 科协论坛, 2013, (8): 41-42.
③ 游建胜. 关于经济发展新常态下加强和改进设区市科协学会工作的若干思考[J]. 学会, 2015, (4): 26-30, 42.

作中[1]。

新形势下，科协组织应主动作为，发挥联系广大科技工作者的桥梁和纽带作用，从而发动广大科技工作者的智慧和力量，通过梳理拓宽科协组织的工作领域，积极承接属于科协职能的工作，开展和科协职能有关的公共服务项目，积极举荐人才、支持学术研讨、服务基层组织，注重科技人才成长，从而营造有利于科技工作者成长的良好氛围。通过鼓励学会与相应企业建立长期、稳定的科技合作关系，实现科技信息、人才资源、创新成果的共享，促进"产学研用"的紧密结合。

此外，相关研究还关注地方科协与当地实际的有效结合情况，科协的工作内容与工作重心应该与当地的实际经济、科技发展情况相结合，借助科协对科技工作者的桥梁作用，实现人才与需求的有效连接，从而真正解决社会问题，实现其服务职能。

科协系统对自身完善体系建设，对学会发挥桥梁与纽带的作用，对政府承接职能转移，对社会实现"产学研用"，当前的研究热点充分结合了时代的背景，能够积极响应政府号召，着眼于现实急需解决的问题。

二、科技社团外部功能的研究热点分析

国家的其他科技社团同样集聚大量人才，大大小小地分布于全国各个城市，旨在促进社会公众之间的科学交流及科学研究，并逐渐成为国家科技创新中一股重要的推动力量。科技社团的创立不以营利为目的，同时在社会和政府之间保有相对的独立性，较少受到影响，并具有特定的组织功能。我国的科技社团发展历史较为悠久，涵盖了诸多学科，自改革开放以来，科技社团有了突飞猛进的发展，成为国家发展重要的支持力量[2]。通过分析有关科技社团作为国家创新体系组成部分的作用研究，以及其在体制改革背景下承接政府职能的研究，发现热点主要集中在以下三个方面。

1. 推动国家创新驱动发展，带动经济增长产业升级

科技社团能够促进科学技术生产、流动、应用和扩散，是国家创新体系不可或缺的重要组成部分，具有中介桥梁和知识枢纽的地位[3]。在组成方面，科技社团是基于学术自由、平等交流、互动自主机制，由科技工作者自愿组成的柔性社会组织，汇聚了各科学技术研究领域的众多精英，这些科技工作者正是构成国家创新体系的基础；在功能方面，科技社团具有整合学术交流、科研成果评价、人力资源评价、规范导向等功能，能够促进科学知识在全社会流动，从

---

[1] 王建国. 促进科协组织参与社会治理的对策[J]. 科协论坛, 2014, (2): 45-47.
[2] 李一曾, 侯米兰, 严雯羽. 加强自身建设推进科技社团承接政府转移职能[J]. 科协论坛, 2015, (9): 7-9
[3] 周大亚. 科技社团在国家创新体系中的地位与作用研究述评[J]. 社会科学管理与评论, 2013, (4): 69-84.

而促进国家创新体系的建设及完善[1]。

在引领产业升级的过程中，一方面，科技社团通过搭建一个自由平等的学术平台，凭借跨行业、跨部门、跨学科、跨区域的组织网络优势[2]，有效地在协同创新中起到桥梁的作用，将学术上的科技创新和企业中的技术转移紧密地连接在一起，改变了技术创新和应用之间曾经存在的脱节问题，有力地推动了建设以企业为核心、以市场为导向、"产学研"相结合的创新体系，加快了产业升级的步伐；另一方面，科技社团肩负着在企业科技决策中建言献策的任务，通过为企业找寻更适宜发展的道路，逐步推动全社会的产业升级和经济增长。

2. 参加科技奖励评定，完善相关体制机制

科技奖励是指对科技工作者独创发现和创新的成果给予的一种肯定与赞赏，通过这种形式使其成果受到认可，进而激励和促进科技建设、进步和创新[3]。科技社团的奖励代表着在学术方面较高的水平，经过多年的发展，已经具备一定的权威性和公信力。近年来奖励发放的人数及项目数均有提升，通过增加对科技人才的奖励幅度，可以有效地推动国家科技的发展。

根据《国家中长期人才发展规划纲要（2010—2020 年）》中指出的大力发展国家经济社会发展重点领域急需紧缺专门人才的要求，科技社团对装备制造、信息技术、新材料、生物技术、生态环保、现代交通运输、航空航天、能源资源、农业科技等领域给予了更加有力的奖励政策，积极以奖励机制吸引和培养高水平科学家。此外，奖励的评判标准中包含道德标准的评判，严厉打击违背学术道德的行为，有利于国家在学术界树立良好的研究风气。目前，我国科技社团的奖励尚处在起步阶段，仍然存在一些问题，如规则不够完善，部分机制不够健全，评审不能保证绝对的公正性，奖项在学术界产生的影响相对较低，等等。

3. 借助科技专业优势，承接政府转移职能

科技社团作为一种社会力量，之所以能够通过科技决策参与、科技计划实施和科技政策评价来监督政府科技决策与管理[4]，是因为其专业优势对于政府部门而言具有决策咨询的作用。随着行政体制改革的深入和科技社团的发展壮大，政府科技部门逐步将部分职能转移至非政府组织，如科技成果评价、科技人员培训与认证、科技标准制定等工作逐步回归科技社团，科技社团承担了越来越多的社

---

[1] 王春法. 充分发挥科技社团在国家创新体系建设中的作用[J]. 科协论坛，2006，(11)：4-6.
[2] 李荣，刘彦君. 科技社团在创新引领产业升级中的作用研究[J]. 学会，2015，(5)：30-34.
[3] 王研，张陆. 科技社团奖励在推动科技创新中的功能定位与发展对策研究[J]. 学会，2016，(7)：35-41，50.
[4] 陈家昌. 我国科技非政府组织的决策参与问题探析[J]. 科学学与科学技术管理，2007，(11)：29-32，47.

会职能[①]。党的十八届三中全会提出了"推进国家治理体系和治理能力现代化"的目标，同时指出，随着改革的深入，部分行政职能最终将会转移到社会组织中。反观科技社团，其作为社会组织的组成部分之一，在国家近几十年来大力发展文化与教育的背景下已经在社会中逐渐起到了不可替代的关键作用。

从科技社团成员上来看，科技社团广泛吸纳了各个领域的人才，在承接政府转移职能的过程中，能够发挥其在学术领域上的领导力和影响力，在科技评价方面开展工作；从科技社团自身的性质来看，科技社团属于非营利性组织，更有利于促进公平，并且更加易于为大众所接受；从外部环境来看，国家进一步发展教育工作，对于科技创新工作大力支持，整个社会中居民的受教育程度已有显著提升，而科技社团则以其能够推动科学知识在社会上的普及及进一步推动全社会创新而变得日益重要，其服务社会的能力日益提升。目前，已有部分科技社团开始逐步参与到社会服务工作当中，为逐步承接政府转移职能做好了准备。

第四节 国内外研究主题比较

基于上述的国内外期刊载文和研究主题分析，国内外科技社团研究有相似之处，两者均对科技社团的内部组织建设和外部实践功能进行了讨论。为了清晰地展示两者的差别，分别对研究主题进行总结，其结果如表4-4所示。

表4-4 国内外科技社团研究主题对比

主题方向	国内研究	国外研究
内部视角： 组织建设研究	围绕科协系统展开 加强科协组织建设 提升科协服务能力	组织规范建设 内部协调方式
外部视角： 实践功能研究	构成国家创新体系 参加科技奖励评定 承接政府职能转移	知识生产价值 外部实践应用价值
研究特点	鲜明的实践导向	理论与实践交互

国内研究围绕科协系统对科技社团国内实践展开论述，国外研究对科技社团的组织规范建设和内部协调方式进行讨论，从不同的方向对科技社团内部组织建设进行分析；国外研究关注科技社团知识生产价值和外部实践应用价值，与国内

---

① 张自谦. 科技社团改革发展中的问题及对策研究[J]. 科协论坛，2011，(8): 38-40；龚勤，沈悦林，严晨安. 科技社团承接政府职能转移的相关政策研究——以杭州市为例[J]. 科技管理研究，2012，(6): 16-20, 26.

研究中的科技社团构成国家创新体系、参加科技奖励评定、承接政府职能转移，都是对科技社团不同现实社会背景下外部实践功能的探究。

同时，国内外研究有着不同的研究情境，各自具有不同的特点。国内研究相对而言更加具体并贴近现实实践，研究多数围绕科协展开，具有明确的实践对象，而对科技社团功能的讨论充分体现出科技社团科学性、学术性和社会性的统一，明确从国家创新体系和政府职能转移两个角度对其知识生产和社会管理职能进行讨论，但是国内研究缺少对科技社团具体运作方式和知识扩散功能的讨论。

总体而言，相比国内研究，国外研究的体系更为成熟，既能够从组织内部的角度对科技社团组织结构、协调方式、行为规范等进行讨论，也能够从科技社团功能价值的角度对科技社团的知识生产价值和外部实践应用价值进行分析，由于国外科技社团与国内科技社团存在差距，国外研究缺少对科技社团社会管理的探讨。

第五章　中国科技社团理论体系与发展策略

第一节　中国科技社团跨越式发展面临的机遇与挑战

从历史上看，英国皇家学会、美国科学促进会等都是成功的科技社团组织形式，它们都负载了在当时的社会情境下，科技共同体对于科学发展的价值导向和新的思想理念。这种新的组织形式，能够以比较具体的方式作为新的科学文化所需要的价值观或者思想理念的载体。在这种情况下，这种组织形式就会成为价值观、行为规范、制度设计相互关联的一种文化的形态，并且最终会产生非常重要的示范效应[1]。我国的科技社团从创建伊始，始终把促进科学家之间进行科学交流、推动科学技术发展作为己任。随着经济、社会、环境的日益复杂化，我国科技社团已经从单纯的知识生产、传播功能越来越多地扩展到强调社会性功能，重视科学咨询的经济效益和社会效益。具体表现为：学术观点转变为国家决策思想，解决急迫而重大的国计民生问题，为科技进步献计献策，推动经济建设向前发展，推动学科间的交叉、渗透与发展，提出国家发展的战略性建议。

在知识经济迅速发展的时代，科学技术是一个国家经济社会发展的重要动力源泉。为此，把提高自主创新能力、完善国家创新体系与国家目标、国家利益紧密联系起来，已经成为国家未来发展的既定方略与途径。当今世界，科学技术越来越成为推动社会发展的主要力量，科技的创新发展对世界格局的重塑力越来越强。如今，新一轮的科技革命和产业变革席卷而来，科技创新也呈现新的态势和特征，人才、技术等创新要素在全球范围内的流动逐步加速，向少数创新中心集

---

[1] 李正风，武晨箫. 关于科学文化建设相关问题的思考[J]. 科学与社会，2017，(3)：17-23.

聚的趋势也越发明显，世界主要国家都采取积极的应对措施，在这种情况下，谁能抓住科技创新这个"胜负手"，谁就能率先盘活创新发展这盘棋，就能在未来经济、科技发展中抢占先机，也就能在国际格局新一轮的重塑中占据主导地位[①]。对于我国而言，牢牢抓住科技革命和产业变革与我国经济发展方式快速转型的历史性交会这一重大机遇，实施创新驱动发展战略，实现跨越式发展，突破创新短板，摆脱核心技术受制于人的局面，力争形成发展优势，在关键领域、科学前沿和战略高技术领域提高话语权，打造未来竞争新优势。面对这样的任务，挑战前所未有，科技社团在提升国家治理能力现代化与促进科技进步方面，要责无旁贷地发挥重要功能。

一方面，科技创新发展使我国面临严峻的挑战。全球科技创新进入空前密集、活跃的时期，新一轮科技革命和产业变革正在重构全球创新版图、重塑全球经济结构，世界主要经济体都在加紧谋划、部署、实施创新发展战略，抢占科技发展先机。西方发达国家沿着工业化、城镇化、农业现代化、信息化的顺序发展，因为历史等多种原因，我国的现代化之路与西方发达国家有着本质的不同，新一轮科技革命和产业变革正与我国加快转变经济发展方式形成历史性交会，为我们实施创新驱动发展战略提供了难得的重大历史机遇，机会稍纵即逝，抓住了就是机遇，就能实现跨越式发展，顺利完成弯道超车，否则必将进一步加大与发达国家的差距。另一方面，我国的政治体制改革进入深水区，随着我国行政体制改革的深化，社会组织的创新发展获得更多的机会和空间。面对新形势、新任务，科技社团关键是要建立起与科技改革发展和国家创新治理现代化相适应的治理方式和运行机制，真正担负起学科引领、创新助力、提供更好的公共产品服务的功能。

一、发展的机遇

1. 创新驱动发展战略

历史经验表明，科技越来越成为推动人类社会发展的主要力量，科技革命总是能够深刻改变世界发展格局，人类社会历次工业革命的实质都是科技创新成果转化为现实生产力的过程，创新发展是社会进步的必然要求，是国际竞争的大势所趋。

当前，世界范围内新一轮科技革命和产业变革正在孕育兴起并加速演进，我国只有紧紧抓住和用好这次机遇，努力在创新发展上进行新部署、实现新突破，才能跟上世界发展大势，把握发展的主动权，才能实现"双中高"[②]的目标。

党的十八大报告做出了实施创新驱动发展战略的决策部署，党的十八届五中

---

① 中国工程院党组. 创新驱动发展 科技引领未来[N]. 经济日报, 第14版, 2016-03-31.
② 指中国经济长期保持中高速增长，迈向中高端水平。

全会提出，"我们必须把创新作为引领发展的第一动力""必须把发展基点放在创新上，形成促进创新的体制框架，塑造更多依靠创新驱动、更多发挥先发优势的引领型发展"，把创新发展提高到事关国家和民族前途命运的高度，摆到国家发展全局的核心位置。

创新驱动发展是立足全局、面向全球、聚焦关键、带动整体的国家战略，是党中央综合分析国内外大势、立足我国发展全局做出的重大战略抉择，契合我国发展的历史逻辑和现实逻辑。创新驱动发展战略的实施，能够加快实现由低成本优势向创新优势的转换，可以为我国持续发展提供强大动力；能够全面提升我国经济增长的质量和效益，有力推动经济转型；能够降低资源、能源消耗，改善生态环境，提高产业竞争力，助力促进产业结构升级。

当前，国际发展竞争日趋激烈，我国经济发展进入新常态，我们必须真正用好科学技术这个最高意义上的革命力量和有力杠杆，努力把科技创新打造成经济发展的新引擎，走出一条从人才强、科技强到产业强、经济强、国家强的发展路径[①]。

科协组织是国家创新体系中的重要组成部分，作为科学共同体组织，其也是一个开放的科技工作者组织，所聚集的人才资源，一方面在国家创新体系的各个子系统中发挥着重要作用，另一方面通过学科领域内科技工作者之间，以及科技界与政府、企业、公众等社会群体之间的交流与联系，在促进国家创新体系内知识和人才在不同组织间的流动中，发挥着关键性的作用。

学会，作为科协的主体，是科协的组织基础和工作基础，是相关学科领域科技工作者的群众组织，也是国家创新体系的重要组成部分，肩负着通过学术交流、学术评价、学术规范活动促进学科发展、引导学术方向、规范学术行为、激荡自主创新的源头活水的重要职能[②]，应该且必须充分发挥科技社团的独特优势，凝聚科技人才，调动创新热情和激发创造活力，努力为科技工作者营造良好的学术环境，提升科技期刊质量和国际影响力，着力搭建高水平的学术交流平台，着眼"高精尖缺"，加大人才培养举荐力度，强化进军科技创新主战场的制度保障，加强对地方学会的业务指导，在科技创新方面做出更大贡献。

科协要充分发挥自身优势，积极组织和动员广大科技工作者紧紧围绕国家重大战略需求，紧盯产业转型升级中的"疑难杂症"，为地方政府提供科技咨询，为企业提供科技支撑，为产业转型升级贡献智慧，为经济发展增添新动能。科协要

[①] 中共中央 国务院印发《国家创新驱动发展战略纲要》[EB/OL]. http://www.gov.cn/zhengce/2016-05/19/content_5074812.htm，2016-05-19.

[②] 中国科协关于印发《中国科协学会学术工作创新发展"十三五"规划》的通知[EB/OL]. http://www.cast.org.cn/art/2016/4/5/art_458_73507.html，2016-04-05.

充分发挥党和政府联系服务科技工作者的桥梁纽带作用，在做好国家政策宣讲的同时，摸清、弄懂地方和企业的发展需求和科技成果转化的现实障碍，助力打通科技成果转化"最后一公里"，把科技成果应用在实现现代化的伟大事业中。科协要充分释放科技人才的第一动力作用，帮助科技工作者实现其事业上的追求，进行创新创业。同时，科协要加强自身组织和工作的改革创新，加快建设开放型、枢纽型、平台型科协组织，不断拓展科协社会化服务职能，更好地为科技工作者服务、为创新驱动发展服务、为提高全民科学素质服务、为党和政府科学决策服务、为创新驱动发展培育丰富的资源，提供有力的支撑[①]。

按照《中共中央关于全面深化改革若干重大问题的决定》《中共中央 国务院关于深化科技体制改革加快国家创新体系建设的意见》《科协系统深化改革实施方案》《国家发展改革委 中国科协关于共同推进双创工作的意见》等文件精神，科协所属学会要发挥组织和人才优势，围绕增强自主创新能力，通过创新驱动助力工程的示范带动，引导学会在企业创新发展转型升级中主动作为，在地方经济建设主战场发挥生力军作用。

2014年实施的创新驱动助力工程主要内容包括：①为地方区域经济发展提供咨询建议，如对地方区域发展战略、产业发展升级规划、重点产业升级技术路线图等提出专业意见建议；②帮助地方解决重大战略中的关键技术问题，如优势资源科学开发和高效利用、生态修复和建设、环境保护、城市规划、传统产业升级改造等重大战略中的关键技术问题；③建立"产学研"联合创新平台，形式可包括联合开展科技攻关、共同建立研发平台、合作培养创新人才、促进校地合作、构建产业技术创新战略联盟等；④促进科技成果和专利技术推广应用，通过帮助重点企业引进先进技术开展系统技术服务，在重点企业开展创新方法培训，指导先进技术的推广应用；⑤承接示范区有关科技攻关项目，主要是地方委托的产业转型升级所需共性关键技术研究协同创新攻关等项目，帮助推进整个行业特别是中小企业的技术升级，培育新兴产业，提升传统产业；⑥开展大众创业、万众创新实践，通过多种形式建设一批科技工作者创新创业基地、创业孵化基地，组织项目对接、创业培训等帮扶活动，鼓励以众创、众包、众扶、众筹等方式，依托"互联网+"等新技术新模式构建创新平台，支持科技工作者在参与助力工程过程中创业致富。

创新驱动助力工程自2014年底启动实施以来，为创新驱动发展战略和地方经济社会发展做出了较大贡献，不仅体现了科技工作者的知识价值，也进一步提高了科协各级组织及所属学会的业务能力。但也存在对接精准度不高、跟踪落实不

---

① 李源潮. 推进转型升级实现创新价值——在中国科协创新驱动助力工程总结交流会上的讲话（2017 年 4 月 13 日）[EB/OL]. http://www.chinaasc.org/news/116412.html, 2017-04-17.

够、服务水平不均衡、内生动力不足等问题。2017年，在新一轮创新驱动助力工程的深入推动下，科协更加突出重点领域和公共服务能力。例如，聚焦国家重要战略区域和重点产业发展领域，在转型升级和工作领域都有所提升，同时对提供科技类公共服务产品的供给能力更加重视，通过推动科技成果转化和专利信息推送工作，进一步提高对接精准度和科技成果转化效率，综合性、集群化的"产学研用"综合协同创新平台的搭建也使科技资源的配置得以优化。更为重要的是，针对科技工作者的激励机制得以完善，突出了科技工作者的主体地位，逐步建立了符合市场运行规律、体现科技工作者知识价值的利益分配机制，增强了科技工作者的参与感、认同感和获得感。

通过上述实践尝试，学会促进了科技创新与经济社会发展的深度融合，发挥了在国家科技战略、规划、布局、政策等方面的重要作用，已经为建设创新型国家提供了很好的路径与方案。

2. 社会组织创新发展

为适应新时期社会、政治、经济的新发展态势，我国政府在简政放权与职能转变方面也迈出较大步伐，为社会组织的发展让渡出足够空间，使其在公共服务方面为人们提供高质量、高效率的社会服务。尤其是党的十八大以来，政府机构改革与转移职能力度加大、进程加快，科技社团的地位提升和作用发挥得到了政府及社会各界的更多重视。党和政府已将科技类学会列为重点培育、优先发展的社会组织。一方面，社会组织的发展环境日益宽松，科技类学会将迎来大发展，学会、协会等多元竞争、激烈博弈的局面将逐步形成，因此迫切需要在同类组织中建立自组织和自协调机制；另一方面，党和政府也需要通过适当的组织载体，引导不同类型社会组织的发展[1]。

为给社会组织"赋能"，政府机构改革进一步出台购买服务、财政资助、税收优惠、培育孵化等政策培育社会组织。2013年，国务院通过并公布了《国务院办公厅关于政府向社会力量购买服务的指导意见》，明确了政府向社会力量购买服务的指导思想、基本原则和目标任务，对购买主体、承接主体、购买内容、购买机制、资金管理、绩效管理等做出了指导性规定。这标志着政府向社会力量购买服务走向常态化、规范化。2014年2月，财政部、国家税务总局发布了《财政部 国家税务总局关于非营利组织免税资格认定管理有关问题的通知》（财税〔2014〕13号），对非营利组织的认定条件、管理权限、申请程序等做出了更加明确的规定。这些规定为免税资格的认定这一难题的解决提供了较清晰的依据，将来学会作为一类重要的非营利组织能更加规范、便利地取得免税资格。总之，政府在购买服

---

[1] 朱文辉. 浅析新形势下科协学会工作的机遇和挑战[J]. 学会, 2014, (4): 27-31.

务、资助支持、免税优惠等方面的政策持续发展完善，将为科技社团提供更多、更广地获得政府直接支持的机会。科技社团要积极争取、充分利用政府购买服务、提供财政资助、税收优惠等支持手段，切实为今后发展赢得更坚实的资源基础[1]。

同时，在新形势下，科技社团的生存与发展必须树立科学发展观，必须与党和国家的大局紧密相连，加强自身建设，增强学会凝聚力，把团结和组织科技工作者参与创新型国家建设贯穿到科技社团工作中去。中央近年来加大了科技体制改革的力度，2012年出台的《中共中央 国务院关于深化科技体制改革加快国家创新体系建设的意见》明确提出要发挥科技社团在推动全社会创新活动、科技评价和自律等方面的作用，为学会承接科技评价、科技人才评价等政府转移职能提供了政策依据。2015年5月，中央全面深化改革领导小组第十二次会议审议通过了《中国科协所属学会有序承接政府转移职能扩大试点工作实施方案》，2015年7月，中共中央办公厅、国务院办公厅正式印发《中国科协所属学会有序承接政府转移职能扩大试点工作实施方案》。该方案指出，围绕全面深化改革的总体部署，充分发挥科技社团独特优势，有序承接政府转移职能，对深化行政体制和科技体制改革、加强和改进群团工作具有重要意义。

在此背景下，学会的特点将围绕简政放权和放管结合、科技创新等中心工作得以更大发挥，主要体现在承接适宜学会承担的科技类社会化公共服务职能，包括科技评估、工程技术领域职业资格认定、技术标准研制、国家科技奖励推荐等内容。该项工作仍处于试点阶段，需要强化效果监督和评估，逐步形成可复制、可推广的经验和模式，建立完善可负责、可问责的职能转接机制，为全面深化改革、推进国家治理体系和治理能力现代化提供示范。

2016年4月，中国科协印发的《中国科协学会学术工作创新发展"十三五"规划》指出，科协所属学会要从服务全面深化改革大局的战略高度，充分认识承接政府转移职能工作的重要意义，自觉围绕政府确需转移、学会有能力承接的科技评估、团体标准研制、工程技术领域专业技术人员职业资格认定、科技奖励提名等，积极争取和承接政府转移职能，进军公共服务市场，参与政府购买服务，努力提供更多更好的科技类社会化公共服务产品，在服务国家治理体系与治理能力现代化方面发挥好探路先锋作用[2]。

从自身发展上看，学会有序承接政府转移职能工作必将更广泛地拓展各级科协的学会工作，形成科协学会工作中重要的增长点和亮点，引领和带动学会创新发展。另外，《科协系统深化改革实施方案》中开放型、枢纽型、平台型的"三型"

---

[1] 高立菲. 中国科协所属学会发展政策研究[EB/OL]. http://www.castscs.org.cn/zchj/14049.jhtml，2018-05-03.
[2] 中国科协关于印发《中国科协学会学术工作创新发展"十三五"规划》的通知[EB/OL]. http://www.cast.org.cn/art/2016/4/5/art_458_73507.html，2016-04-05.

科协组织的提出，确立了新时期我国科技社团的目标和地位形象，使我国科技社团的发展和服务能力显著提升，在服务创新驱动发展战略中体现价值。在政治性、先进性和群众性方面的明确要求，使全国学会引领着我国各类各层次科技社团真正成为党领导下团结联系广大科技工作者的人民团体、提供科技类公共服务产品的社会组织、国家创新体系的重要组成部分，为更好地服务党和国家中心工作奠定坚实基础。

二、面临的挑战

1. 国际竞争日趋激烈

当今世界，科技创新已成为各国综合国力竞争的战略利器，日趋激烈的国际竞争越来越表现为科技实力和创新能力的竞争。新一轮的科技和产业变革，全球化、信息化、网络化对科技治理、社会治理乃至全球治理、经济与社会发展创造了新机遇，也带来了新挑战。越来越多的新兴学科不断涌现，越来越多的颠覆性技术刷新认知，学科的交叉融合带动众多学科和技术群体跃进，不断涌现大国必争的技术高地和战略前沿。为抢占先机，世界主要国家和地区都把创新作为未来发展的核心战略，提前部署面向未来的科技创新战略和行动。例如，为加速再工业化和制造业回归，美国制定了《美国国家创新战略》和《先进制造业国家战略计划》；为加大整合各成员国创新资源，促进科技创新，推动经济增长和增加就业，欧盟制定了"工业复兴战略"，启动"地平线2020"计划；为进一步巩固和奠定在重要关键技术上的国际顶尖地位，德国发布了"高技术战略2020"，实施"工业4.0"计划；为推动实现科技创新立国的目标，日本发布了《科技创新综合战略》；为实现向产业强国的飞跃，韩国制定了《第六次产业技术创新计划》；为建立具有竞争力的、有效的科技研发体系，全力保障其在世界经济技术现代化中的重要地位，俄罗斯颁布了《俄罗斯国家科技发展规划（2013—2020年）》。在日新月异的时代创新大潮中，我们与发达国家创新能力的差距在不断缩小，但竞争日趋激烈。

面对如此严峻的形势，如何加速科技创新和科技进步，提高我国的科技水平，是亟待解决的一项重大而紧迫的任务。虽然经过几十年的持续快速发展，我国经济总量已跃居世界第二位，2019年人均GDP（国内生产总值）已超过1万美元。但同时，产业层次低、发展不平衡和资源环境刚性约束增强等矛盾仍然突出，正处于跨越"中等收入陷阱"的紧要关头。虽然很多产业规模、产品规模和出口规模都位居世界第一，但创新能力不强、科技发展水平总体不高、科技对经济社会发展的支撑能力不足、科技对经济增长的贡献率远低于发达国家水平，是我国的短板。特别是飞机发动机、燃气轮机、计算机芯片等核心技术，仍然没有完全摆脱对外依赖，自主创新任重道远，这些问题都是我国经济发展的障碍。"中国制造"

遇到的国际竞争也越来越激烈，劳动密集型产品受到新兴经济体的冲击，技术密集型产品则受到美国、英国等发达国家再工业化的压力，"中国制造"到"中国智造"的升级之路困难重重。相比西方主要发达国家，我国科技创新能力的最大短板就是关键核心技术的自主创新能力不足，而这恰恰体现一个国家的核心竞争力，是靠购买或者市场交换永远也得不到的。为此，要想全面提升我国的科技水平，使我国晋升为世界科技强国，我们必须自力更生、奋发图强，努力取得更多的原创性、前沿性成果[①]。

与新兴经济体相比，我国虽有优势，但也时刻面临着被加速赶超的压力。在经济全球化飞速发展的时代，科技创新能力已经成为国家综合实力和核心竞争力的直接体现，很大程度上决定着一个国家在世界产业链条上的最终位置；科技创新能力已经成为社会发展的关键因素，体现了社会活力与社会进步。科技创新能力已然成为国家发展的"胜负手"，只有依靠创新驱动，转变发展方式，培育竞争新优势，在关键核心技术上寻求更大突破，积极抢占科技竞争和未来发展制高点，在重要科技领域成为领跑者，在新兴前沿交叉领域成为开拓者，才能扭转劣势，才可能实现"双中高"的目标，才可能迈入世界科技强国。

21世纪的20年代将是我国发展的关键时期，我们需要尽快推进产业升级，实现结构转型和提升综合国力，关键是看能否发挥科技第一生产力、人才第一资源、创新第一动力的作用，从而实现经济中高速增长、迈向中高端水平，尽快走上创新驱动发展的轨道[②]。人才是创新的第一资源，创新驱动实际上是人才驱动。主要发达国家为了能够长期保持世界经济的领先地位，早在20世纪90年代就在全球掀起了一场争夺和引进国际高科技人才的浪潮并持续至今，全面启动并实施国际化人才战略，大力吸引国际科技人才为己所用。我国虽然也开始全方位地加快实施人才强国战略，人才总量不断增长，但结构性问题突出，高技能人才占技能劳动者比例不到1/3，高层次创新人才不足，世界级科学大师和领军人物更是缺乏，人才贡献率较低，不到30%，是发达国家的一半左右。为此，我国既要培养造就一批世界水平的科学家、科技领军人才、卓越工程师和高水平创新团队，建成中国特色的人才高地，又要大力发展职业教育，整体提升劳动者素质，在各领域、各行业培养、造就掌握一技之长的亿万专业人才和产业大军[①]。

科技社团是科技发展和社会变革的产物，伴随着科技发展应运而生，是人类文明的倡导体，也是社会治理体系的重要支撑。科技社团的生命力不仅源于科技问题的吸引力和贡献度，也源于后备人才的涌现力与聚合度。只有把优秀的科技

---

① 杨晶. 加快实施创新驱动发展战略，奋力打造经济发展新引擎[J]. 行政管理改革，2015，(10)：4-10.
② 全球科技创新发展历程和竞争态势[EB/OL]. http://theory.people.com.cn/n1/2016/0310/c40531-28187356.html，2016-03-10.

人才吸引进科技社团，营造优秀人才集聚的氛围，以才引才、以才聚才，才能广泛吸引海内外优秀科技人才为我国的科技创新事业做出更多贡献。在此过程中，应积极推动科技社团跨学科、跨领域、跨地域的合作优势，通过推动大型科学仪器设备共享，以器聚才；还要充分发挥科技社团服务人才成长的作用，围绕"高精尖缺"导向为国家培育、引进科技人才队伍，体现科技社团的价值。

科技社团的动力与活力体现在科技创造力、组织动员能力和社会服务能力，反映出科技社团的亲和力、影响力与发展竞争力[1]。基于上述要求，科技社团承担着传播科学知识、倡导科学精神，推动人类文明进步的社会责任，如果说融合、跨界是科技创新的新模式，而面对全球化、系统化、综合化的发展趋势，特别是交叉学科、新学科分支不断涌现的情况，更需要科技社团主动搭建和推动国际之间、跨学科之间、跨领域之间的交流合作平台，因此，在新时代要共同思考和探讨科技社团的发展规律，使科技社团在交流合作、创新发展、服务会员、服务人类中做出应有的贡献。

2. 中国科技社团发展不平衡，优势与短板并存

党的十八届三中全会明确提出了加强社会治理体系和社会治理能力现代化的要求，群团组织在服务党和国家发展大局的同时，要深入研究现代社会治理体系下群团组织与经济、社会发展的关系。群团组织的目标是通过组织力的重构和再造，最终实现人的全面发展和人类社会的共同进步。然而，我国社会组织总体而言还处于发展的初级阶段，社会组织工作中还存在管理体制不健全、支持引导力度不够、社会组织自身建设不足等问题，与经济社会发展的需要还存在一定差距。特别是社会组织自身的潜能没有被完全挖掘出来，这些能力包括获致能力，指社团为开展活动争取外部支持的能力，即将本不属于自己的资源吸引、争取过来为实现自己的目标所用；创新能力，即社团依靠自身的力量开发、研究、解决问题的能力[2]；等等。这在很大程度限制了社会组织在参与社会治理方面的作用。因此，要深入探讨如何实现群团组织的创新能力和可持续发展能力的提升，不断强化群团组织和科技社团的社会责任和使命担当。

我国科技社团发展经过长期积累，已具有一定的优势。作为科技工作者的社会团体，中国科协截至2018年主管210个全国学会，占我国科技社团的70%以上，是党和政府联系广大科技工作者的桥梁和纽带。科协要求各个学会将科技和人才作为两个重要发力点，通过团结、引领、依靠、服务科技工作者，促进科技

---

[1] 中外科技社团负责人汇聚杭州共议科技社团使命与发展[EB/OL]. http://www.xinhuanet.com//2018-05/31/c_137220706.htm. 2018-05-31.

[2] 毕鑫. 转型与茫然——"脱钩"背景下的科技社团能力建设及其思考[EB/OL].http://www.castscs.org.cn/jcll/14050.jhtml，2018-05-03.

创新和服务产业转型升级，激发科技工作者创新活力，助力创新驱动发展战略。其中，学会会员囊括了几乎在自然科学与工程技术领域的中高级职称以上的科学家与工程师，是我国科技界精英群体的组织。因此，我国以科协领导的全国学会为主体的科技社团，已在深化改革和服务社会的进程中有着良好的会员基础，会员具有较高的文化素养和理性判断能力，有民主意识和科学精神，是最适宜开展民主化和法治化的社会团体[①]。从民政部门的评比活动来看，科协所属学会无论在民主办会实现自治方面，还是在开展活动、发挥会员积极性、推动科技事业发展、服务社会等各个方面均步入我国科技社团组织发展的前列，成为改革成功的标杆。进一步发挥学会的作用，对于完善我国社会治理机制有着重要意义。

第二节 中国科技社团理论体系构建

面对上述机遇与挑战，需要进一步加强对科技社团的理论研究，提高对实践的认识和分析，才能在特定情境下准确发挥科技社团的具体功能。当代科技社团的作用主要表现为五大社会功能：凝聚学术共同体，提供专业服务；促进科学技术研究，引领科技创新；开发专业技术标准，实施专业认证；扩散科学技术知识；促进经济与社会发展[②]。而与国际知名社团相比，我国科技社团虽有自身发展特点，但由于管理体制与历史文化背景的差异，社团的内部运营方式有所不同，同时在外部治理的动力与活力方面也还存在一定差距。

在内部运营方面，国外知名科技社团均有较为完善的法律法规体系，从制度上保障科技社团的独立法人地位，从而维持科技社团的高效运营，如美国的《国会法案》、日本的《日本学院法》、英国的《英国皇家宪章》等。

此外，纵观国外科技社团的外部治理情况，对于任何一个知名科技社团而言，由政府、其他科技社团、公众等通过正式或非正式渠道与其共同构成的治理框架都显得必不可少。例如，德国国家科学院会将其他知名科技社团纳入自己的理事会，构建交叉董事会，用以提高运营效率、扩大活动范围；同时，政府也会将其工作人员安排在科技社团的监事会或司库中，以保证委托项目的质量与资金的合理使用。

---

① 张楠，赵勇. 以创新带动"承转"：学会参与完善社会治理机制的新趋势[J]. 未来与发展，2015,（11）：11-14.
② 孙纬业. 当代发达国家科技社团社会功能研究[EB/OL]. http://castscs.org.cn/jcll/14073.jhtml，2018-05-04.

我国关于科技社团的系统性理论研究也十分匮乏[①]。在为数不多的现有文献中，研究者也习惯于从政策引导、社会环境改善、整合科技社团的基本职能等规范性角度进行剖析[②]，而忽视了通过组织内部与外部权、责、利的合理安排，来优化治理结构、提高治理效率，进而解决所面临的问题。因此，有必要通过对国内外科技社团的发展和研究进行系统了解，为我国科技社团更加健康和可持续发展提供借鉴。

一、中国科技社团现有理论研究之不足

本书采用文献计量学的相关研究方法，回顾了科技社团已有的文献研究，对国内外科技社团研究的支撑体系、演进历程、研究主题进行系统性的梳理和分析，研究过程和研究结论均具有一定的参考价值。通过比较国内外研究可以发现，国内研究的学科分布较为集中且交叉现象有限，文献作者的背景趋同并且合作较为有限，一定程度上限制了研究深入；研究演进阶段的界限相对模糊，发展脉络尚未清晰，实践导向性强；研究内容围绕科协展开，实践分析较多，理论层面的研究较弱。具体而言，主要表现在以下几个方面。

1. 研究主体不平衡

国内科技社团研究的作者多来自科协系统，且作者间的合作十分有限，多数期刊发文数量较高的作者均属于"单打独斗"，研究机构绝大多数为科协体系，仅有少数为高校机构，且机构间的联系合作同样较少，在地域分布上也存在着不平衡的现象，东部地区对于科技社团的研究最多，中西部地区研究力量则仍存在巨大的发展空间。国外关于科技社团的高发文数量作者则更倾向于合作研究，且研究的作者及其所属机构常以高校等人才聚集地为主要研究力量，此外仅有少数以各类研究机构，如国家科学研究会作为主导与核心提供科研力量，机构间的合作关系十分密切。在科技社团研究的地区分布方面，美国与欧洲等发达国家或地区成为研究的主力地区，作者、机构和地区的合作网络均以这二者为核心向四周辐射。

2. 研究对象较单一

国内对科技社团的研究中绝大多数研究对象为科协、科技社团等团体组织与

[①] Delicado A, Rego R. What roles for scientific associations in contemporary science? [J]. Minerva, 2014, 52(4): 439-465.

[②] 丁轶. 国家治理视野下的中国社团治理——一种政治宪法学视角的考察[J]. 北大法律评论，2015，(2)：93-120；杨红梅. 科技社团核心竞争力的认识模型及实现初探[J]. 科学学研究，2012，(5)：654-659；Petitjean P. The joint establishment of the world federation of scientific workers and of UNESCO after World War II[J]. Minerva, 2008, 46 (2)：247-270.

系统，学者多将其视为一个整体进行研究，而对作为科技社团重要组成部分的科技工作者的研究较少。科技工作者作为科技社团正常运转、进行科学研究和交流的主体，其所发挥的作用往往能决定系统运转、科技研发的顺利程度，然而其诉求与实际境况并未得到过多关注。另外，科技社团作为具有较多功能的社会性组织，目前学者尚未将其作为社会网络中的一部分进行研究，对其网络中的其他利益相关者及节点之间的关系研究也较少，如科技社团为政府、企业、公众服务过程中可能产生的关系及影响因素研究。

3. 研究内容不够深入

从研究内容上看，无论是内部治理还是外部功能的发挥，研究内容尚不够具体、深入。国内现有研究较多围绕科协的功能展开，而忽视了科技社团在科学知识产生、传播中的作用及功能，以及在此过程中的合作沟通、方式方法、道德伦理等内容。而在科协作用功能的研究中，承接政府职能转移的具体措施未得到有效研究。科技社团的学术权威性一直没有得到国内广泛的认可，导致其虽然有一定的科技研究能力但影响力不足的情况出现，从而无法将研究成果顺利转化为现实操作。尤其是在当今信息科技飞速发展的时代，科技社团如何顺应时代潮流，运用新的科技手段更好地为科技工作者服务，如何加强向大众的科学普及、为政府提供有科学依据的决策建言及推动企业的科技创新，等等，从研究内容到研究工具、方法等都大有可为。

4. 跨学科研究较为缺乏

国内科技社团的相关研究中所体现出的学科交叉现象较少，研究多集中于"科学研究管理""行政学与行政研究方法""工业经济""社会研究方法"等少数学科，国内对于科技社团这一主题研究的载文主要集中在某些杂志上，如《学会》。国外科技社团的研究中所体现出的学科交叉现象突出，研究所涉及的学科多样且分散，期刊载文尤为分散，能够有较多的期刊为科技社团研究提供适宜的载文平台。同时，国外科技社团自身承办的期刊除了刊载专业相关的科技类文章外，也在自身学会或科技社团的发展研究上不吝笔墨，予以宣传推动，从而使得科技社团的理论研究也出现在专业度极高的科学类期刊上，而不仅仅是管理类期刊。

5. 科技社团的国际比较不够充分

我国科技社团与国外科技社团有较多不同，但是对于我国科技社团在职能范围和管理机制上存在的特色与问题未能在国际比较的基础上进行深入探讨。科技社团目前的功能定位仍然不够清晰，在行使职能的过程中与其他社会组织出现重叠的情况，一定程度上降低了社会效率。同时，科技社团对智力资源的调配和在管理机制上也存在缺陷，导致智力资源的整合和凝聚不足，尚有许多智力资源没有被充分地发掘和利用。

改革开放以来，我国科技社团在科学发展、技术创新、知识普及等方面积极参与，为满足经济社会发展的需要和国家创新体系的建设做出了较大贡献，受到国内外学界的普遍关注，初步形成了我国科技社团研究的理论基础，显现出中国情境下科技社团发展模式的学术自觉性。然而，从研究内容和剖析层次上不难看出，这些研究并未能解释我国科技社团存在、发展的复杂性和特殊性，尤其在创新驱动发展战略的提出和中国特色社会主义进入新时代的历史背景下，对我国科技社团研究又提出了新的命题和挑战，科技社团的理论研究亦需跟上时代的步伐。我国政治经济和历史文化的差异性，以及中外科技社团的发展路径不同，使得西方科技社团的研究经验不能在我国完全照搬。但随着全球化进程的加快，科技社团在世界科技治理中发挥的作用越来越大，只有在对国外科技社团的成长规律和经验进行充分了解的基础上，才能对我国科技社团未来发展方向提出前瞻性建议。因此，需要从系统的角度对国内外科技社团的宏观体制环境、中观发展模式、微观管理结构层面进行多维度的比较研究，明确我国科技社团发展中存在的问题及影响因素，探索符合我国实际情况的科技社团发展策略，为实现我国科技创新的跨越式发展提供有力支撑。

二、中国科技社团理论研究体系之构建

宏观层面，需要研究我国科技社团与国家治理、创新体系、社会发展之间的关系，加强探索有中国特色科技社团发展和参与模式对国家创新能力和社会发展的影响。一个国家的科技社团的成长离不开政治体制和科技管理体制的土壤，同时也受到其经济发展阶段和国家战略进程的影响。我国在改革开放之后，政治和经济体制发生了巨大的变化，国家实力、国际地位、政府与市场、政府与社会、中央与地方，以及不同所有制结构之间的关系都进行了深刻的调整。在这样的时代大背景下，如何以国际比较的视野分析我国政治、经济、科技管理体制下的科技社团发展的复杂性和特殊性，成为有中国特色科技社团研究的重要议题。因此，在转型期的宏观体制背景下，理论界需要加强探索有中国特色的科技社团管理体系与发展模式，厘清科技社团参与社会治理乃至全球科技治理的机理与路径，研究在国家治理体系和治理能力现代化的发展脉络中，如何更好地将科技社团嵌入国家创新体系建设，体现我国科技社团的中坚力量。

中观层面，针对研究我国各类科技社团的特征差异和不同发展模式，总结比较不同类型科技社团的发展模式，探讨解释不同因素对科技社团发展模式产生影响的内在机理和内在关联。我国不同地区间存在经济发展水平不均衡、知识资源分布不均衡的环境差异，各地科技社团的数量、性质也有较大区别，现有科技社团的研究来自东部地区较多而中西部地区匮乏正反映了这一事实。另外，科技社

团的运行机制也存在以学术性、专业性活动为主还是以市场化运作为主的差异，这些都需要将不同类型科技社团的发展模式进行总结比较，探讨解释不同因素对科技社团发展模式产生影响的内在机理和内在关联，推动不同类型科技社团的均衡发展，平衡地区间发展的差异，促进地方组织的创新和互相学习，为不同科技社团提供更好地发挥各自能力优势的舞台。

微观层面，关注对我国科技社团的组织定位、内部治理结构、外部功能发挥和自身能力建设等方面的研究。目前，对我国科技社团发展目标定位问题的研究和解读，已有学者提供了不同的版本，但多是基于自身对政策的理解，还应从科技社团组织个体的视野，积极探讨组织形式和管理方式，实现科技社团自身持续、有序、高效、创新发展。作为参与国家创新体系建设和科技进步的主要行动者，科技社团内部的治理结构影响着其是否可以更有效地整合不同资源，实现特定的社会功能，内部治理包括人才资源、经费资源、信息资源等的优化配置过程。科技社团在科学知识的产生、转移和扩散中与政府、大学、基金会、媒体等组织存在着结构化的网络关系，如何构建并保持这些网络化关系的良性运转都具有重要的研究价值，有助于科技社团提高工作效率、优化内部管理、调动内外部资源，从而发挥更大的影响力，满足政府职能转移复杂性的要求，也满足科技工作者、创新主体、社会公众及媒体出版物等多元主体的利益和价值诉求。

第三节　当前中国科技社团理论研究发展策略

通过前文对国内外科技社团理论研究的分析，可以发现我国科技社团理论研究中仍存在一些不足。首先，研究对象较为零散单一，没有形成系统性框架。绝大多数研究对象为科协、科技社团等团体组织与系统，学者多将其视为一个整体进行研究，而对这个整体内部要素及与其他外部要素的关系研究较少。其次，研究内容不够丰富深入，缺乏坚实的理论基础进行支撑。对于科技社团而言，已有许多研究发现其在运行过程中、制度上及职能上存在的缺点和弊端，但是对于该类现象反映出的科技社团在职能范围和管理机制上存在的问题未能进行深入探讨。再次，研究力量比较薄弱，需要更高水平的机构和人员加入。当前研究的主要力量来自实际管理部门，与专业的研究人员相比，其知识储备和分析技术方法都有所欠缺，对国际研究前沿的追踪不够及时，这些都呼唤着专职科研机构的加入，以及跨学科、跨地域的更广泛的研究合作，充实研究力量，提高研究水平。最后，理论研究与实践指导之间结合不够紧密，有中国特色的科技社团研究尚需加强。此外，多数研究内容并未涉及实现承接政府职能转移的具体操作方法，有关该类问题虽然已经得到重视，但仍缺乏实践的指导与操作，如何解决该类问题的研究相对较少，切实实现承接政府职能转移的成功经验尚待探索与发掘。

针对以上不足，对于国内的科技社团理论研究发展提出如下行动策略。

1. 聚焦现实问题，突出中国特色

我国的科技社团发展具有明显的中国特色，从组织管理、运行机制到资源获取、功能使命，均有不同于西方科技社团的方面，因此不能简单照搬或套用西方科技社团的发展模式。尤其在当前我国处于加快建设创新型国家、建设世界科技强国的时代背景下，应进一步聚焦新时期科技社团的任务和挑战，找准发展中出现的问题，建设具有中国特色的科技社团理论体系。

2. 发展基础理论，完善框架体系

科技社团研究涵盖社会学、管理学、经济学、科技政策等多个学科，在科技史与科技哲学中也有其相关的研究内容。然而，我国当前的科技社团研究多以实践研究为主，工作总结及经验介绍居多，缺乏更深层次对科技社团的性质、功能、规范、价值等理论的挖掘，与国外理论与实践交互发展的研究框架相比，仍有较大差距。因此，应在研究内容中进一步发展与科技社团相关的基础理论，尤其从政治学、经济学等视角深入分析，规范研究方法，使整体理论框架更为平衡。

3. 明确研究定位，细化研究内容

在厘清我国科技社团的概念、内涵等理论基础上，将科技社团的具体职能范围及如何实现组织内部高效管理作为未来研究的重点，在研究中明确科技社团的定位。不应仅仅考虑科技社团作为一个组织的职能、结构、制度、运转的功能与现实所面对的问题，还应关注科技工作者在其中所起的重要作用，关心科技工作者的诉求与动机，考虑个人与组织的匹配与融合，才能使研究内容充实丰满，从而更好地发现科技社团发展与运转中存在的不足，以便优化改进。研究内容上，科技社团应在着眼于加强自身内部建设的同时，积极结合地区特色，努力创造良好的外部环境，明确自身工作的重点，从而实现科技协会和科技社团逐步承接政府职能转移。通过研究协调提升科技社团之间的协同创新能力，促使其成为推动国家创新的更强动力。

4. 夯实研究力量，鼓励研究合作

在开展面向科技社团的研究时，鼓励高校学者与科技社团机构之间的合作，进一步提高理论的层次和深度。高校等专职研究机构的科技工作者对研究资料的获取更为广泛，能够追踪了解国际相关主题的研究前沿，研究方法及思路也较为领先，对科学依据的追求和研究逻辑的严谨性要求较高，能够保证研究成果的准确和可靠。因此，应采用多种手段，如课题研究、专家咨询的方式，加大对高校科研力量的吸纳。

5. 搭建交流平台，扩大研究影响

由于我国科技社团研究力量及成果表现的不均衡性，研究平台的搭建应在国内及国际两个层面展开。国内方面，应加强不同地区之间研究成果与实践经验的交流，使最新的成果和先进经验向相对落后地区辐射，实现科技社团的均衡发展。科技社团的功能之一是知识的扩散，通过会议交流、出版奖励等形式推动研究成果的扩散，由此也可扩大科技社团研究的影响力，促进科技社团与社会的互动，尤其带动中西部地区科技社团、企业等对科技社团作用的认识和对科技社团研究的重视，使其积极加入科技社团的治理网络中。国际方面，应及时掌握国际相关研究发展趋势，建立国际学术交流网络和平台，加强国际经验借鉴和吸收。对世界一流科技社团进行深入的研究和分析，树立标杆，查找差距，推动我国科技社团迈向国际一流行列。

总体而言，科技社团作为多元学科交叉的边缘分支性学科，尚未形成理论充分发展的态势；对研究科学技术相关问题的专业人才培养力度不够，现有的研究者群体偏小。为了更好地推动我国科技社团理论研究的发展，必须始终秉承创新思维，立足本土实践，聚焦国际视野，开拓前进。要熟悉规范的定性、定量研究，在扎实的本土案例研究中夯实理论基础，在学术薪火传承的过程中与时俱进，努力寻求理论新突破。要紧跟学科发展前沿，瞄准重点、热点领域，汲取最新的理论思维。未来的科技社团研究要在加强学科自身理论的基础上，创新方法，完善系统研究，扩大研究者群体，坚持问题导向，积极聚焦和关注重大科学技术与社会现实问题的"碰撞"，服务社会。